物性論ノート

Noriaki Sato
佐藤憲昭──【著】

Introduction
to Solid State Science

名古屋大学出版会

はじめに

物性論とは，文字通り物の性質を解き明かすことを目的とする学問領域である．高校では，物性というのは化学の一分野であると誤解されているかもしれないが，実際のところはその基盤を物理学に置いている．物性物理学，あるいは固体物理学と呼ばれる分野がそれにあたる．

物性物理は物理学の中において重要な位置を占めている．物性物理分野がそれ自身として大きく華開いているのみならず，その概念は素粒子物理学や宇宙物理学においても利用されている．たとえば，南部陽一郎先生のノーベル賞受賞で知られるようになった“自発的対称性の破れ”は，超伝導の研究がヒントになったとされる．逆に言えば，超伝導や磁石などの物性を理解することは，素粒子物理や宇宙物理の理解に役立つと言ってもよい．

その一方で，工学などの応用面に目を向けるならば，新規材料の開発や半導体エレクトロニクスをはじめ，物質を扱うあらゆる分野において，物性論の考え方は必須と言えよう．

このように物性論は，基礎としても応用としても重要な学問である．しかし，その内容は多岐にわたり，新しい物質や現象が今日でも次々と発見されていることなどのため，物性論の全貌をつかむことはきわめて難しい現状にある．また，物性論の面白さに気付くためには，物理学の基礎である量子力学や統計力学の知識が必要であることなども，興味を持つことを難しくしているのかもしれない．

本書は，物性論を初めて学ぶ学生を対象に，基本的と思われる事項について詳しく説明するという方針で書かれた．とくに，初学者がつまずきやすいところの丁寧な説明に意を注ぎ，類書ではあまり見られないような図や説明を入れるなど，工夫を凝らしたつもりである．

目次を見ていただければおわかりのように，前半の多くの部分は，大学初年次に学ぶ振動・波動についての解説であり，驚かれる方もおられよう．しかし，振動や波について十分に習得することが，物性論の理解には不可欠であるとの判断から，あえてこのような構成とした．

基礎事項の解説を多くした分，紙数の制限から，通常の物性の教科書で扱われている事項の多くを割愛せざるをえなかった．しかし，基礎をしっかりマスターしていれば，初めて目にする概念でも，それほど困難なく理解されるであろう．

本書には，本文より小さな文字で**【補足】**や《**発展**》と書かれた箇所がある．本文だけを読んでも全体の流れを理解できるように書いたつもりであるが，少し丁寧な説明があった方がよりわかりやすくなると思った事項については，補足として加えた．とくに，数学的バリアを軽減するため，本文では数学的に十分説明しきれていなかったところを，補足として記述したところもある．また，本文の記述では物足りない読者のために，発展の項目を設けた．これを手がかりに，もっと進んだ勉強ができるように配慮したつもりである．

本書の主たる読者対象としては，量子力学，統計力学，電磁気学の知識をある程度有する，物理系，電気・電子系，物質・材料系などの大学三・四年生を想定している．しかし，大学や学部によってはカリキュラムが異なるため，大学院修士課程一年生に対する入門書としての利用価値もあるかもしれない．

記述には誤りがないように注意を払ったが，それでも見落としがあるかもしれない．そのような場合，読者諸姉兄におかれてはご指摘いただければ幸いである．本書が物性論を学ぼうとする人々のお役に立つことができれば，望外の幸せである．

本書が出来上がるためには名古屋大学出版会の神舘健司氏の粘り強い叱咤激励が必要であった．ここに記して感謝する次第である．本書を，これまで研究をともにし支えてくれた学生や家族への“恩返し”としたい．

2015 年 11 月

佐藤 憲昭

目　次

第1章

まずはバネの振動から
——古典力学の復習

本章では，まず古典力学で学ぶ“バネの振動”を復習しよう．とくに，基準座標や基準モードという基礎概念を理解しておくことは，物性物理やほかの物理学を理解するうえできわめて有用である．また，基本的な微分方程式の解き方についても習熟しておくことが大事である．

1-1　1個の質点からなる振動系：単振動

バネにつながれた1個の質点の振動を考える．質点は，バネの伸び縮みによる復元力によって，平衡点の周りに単振動しているとする．バネ定数を f とすると，平衡点から u（変位の大きさ）だけずれたとき，質点には $-fu$ という復元力が働く．したがって，質点の運動方程式は次のようになる．

$$m\frac{d^2u}{dt^2} = -fu \tag{1.1}$$

ここで，m は質点の質量である．これは2階の常微分方程式（独立変数が1つの微分方程式）であり，その解は次のようになる（補足1を参照）．

$$u = A\sin(\omega_0 t + \phi) \tag{1.2}$$

A は振幅，ϕ は初期位相と呼ばれ，**固有 (角) 振動数** ω_0 は次式で与えられる.[1)]

$$\omega_0 = \sqrt{\frac{f}{m}} \tag{1.3}$$

【補足 1】 微分方程式 (1.1) の形を見ると，u を 2 回微分すると元の形に戻ることがわかる．これより，正弦関数 $\sin \omega_0 t$ あるいは余弦関数 $\cos \omega_0 t$ が解になることがわかる．線形微分方程式 (1.1) の一般解は，これらの和として，次式で与えられる.[2)]

$$u = A_1 \cos \omega_0 t + B_1 \sin \omega_0 t = C \sin(\omega_0 t + \phi) \tag{1.4}$$

最後の式に移る際には三角関数の合成則を用い，$C = \sqrt{{A_1}^2 + {B_1}^2}$，$\tan \phi = \frac{A_1}{B_1}$ とした．$C = A$ と置くと，式 (1.2) が得られる．

式 (1.1) の微分方程式の一般的な解き方として次のようなものがある．まず，$u = e^{\lambda t}$ とおいて式 (1.1) に代入すると，次式が得られる．

$$m\lambda^2 + f = 0 \tag{1.5}$$

これは**特性方程式**と呼ばれる．λ が式 (1.5) の根であるならば，$u = e^{\lambda t}$ は式 (1.1) の解である．特性方程式の 2 つの解は $\lambda = \pm i\omega_0$ である．これより，微分方程式 (1.1) の一般解は次のようになる．

$$u = A_2 e^{i\omega_0 t} + B_2 e^{-i\omega_0 t} \tag{1.6}$$

これが式 (1.4) と等価であることは，次の**オイラー**（Euler）**の公式**を使えば直ちにわかるであろう．

$$e^{\pm ix} = \cos x \pm i \sin x \tag{1.7}$$

単振動のエネルギーは，質点の運動エネルギーと，バネの伸び縮みで蓄えられた弾性エネルギーの和であり，次のように書かれる．

$$\begin{aligned} E &= \frac{1}{2} m\dot{u}^2 + \frac{1}{2} f u^2 \\ &= \frac{1}{2} A^2 \left(m{\omega_0}^2 \cos^2(\omega_0 t + \phi) + f \sin^2(\omega_0 t + \phi) \right) = \frac{1}{2} f A^2 \end{aligned} \tag{1.8}$$

[1)] 角振動数 ω と振動数 ν の間には $\omega = 2\pi\nu$ の関係がある．本書では ω を単に振動数と呼ぶ．

[2)] n 階の微分方程式に対し n 個の任意定数を含む解は一般解と呼ばれる．今の 2 階の微分方程式においては，A_1 と B_1（あるいは C と ϕ）の 2 つが任意定数として含まれている．

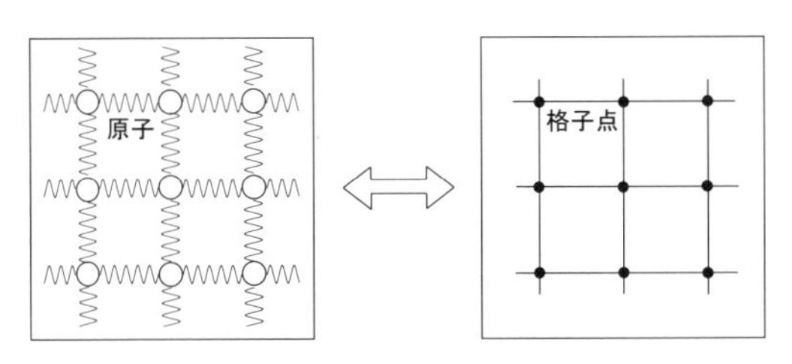

図 1.1　結晶のモデル．左図における原子およびバネは，右図では格子点とそれらを結ぶ線分で置き換えられている．

ここで，時間微分をドットで表した．全エネルギーは時間に依存せず保存され，振動の振幅 A の 2 乗に比例する．

ここで考えたモデルは，原子の熱振動と結びつけられる．結晶中では原子は規則正しく整列している．最も単純な固体は，1 種類の原子が x, y, z の 3 方向に同じ周期で並んだ固体である（図 1.1 参照）．この原子を点としてとらえるとき，この点の並びは**格子**と呼ばれ，各点は**格子点**と呼ばれる．隣り合う原子は互いに何らかの力で結びつき，固体を形成する．この力（相互作用）をモデル化したものが，上記のバネである．

現実の固体には無数の（1cm^3 あたり 10^{22} 個程度の）原子が含まれる．したがって，振り子のモデルを固体に対応づけるためには，単振動を（バネで）結びつける必要がある．次節では，そのうち最も単純な 2 つの振動子からなる連成振動を考える．

《発展 1》 バネにつながれた力学系と同じ物理現象が電磁気現象の中に観測される．電荷 Q が蓄えられたコンデンサ（静電容量 C）にコイル（インダクタンス L）を直列につないだ回路を考えよう．この回路に流れる電流 I の時間変化は，次の微分方程式で与えられる．

$$L\frac{dI}{dt} + \frac{Q}{C} = 0 \tag{1.9}$$

両辺を時間 t で微分し，$dQ/dt = I$ を用いると，

$$L\frac{d^2I}{dt^2} = -\frac{1}{C}I \tag{1.10}$$

となる．これは微分方程式 (1.1) と全く同じ形をしている．したがって，計算するまでもなく，解が次式となることがわかる．

$$I = A\sin(\omega_0 t + \phi) \tag{1.11}$$

ここで，固有振動数 ω_0 は次で与えられる．

$$\omega_0 = \frac{1}{\sqrt{LC}} \tag{1.12}$$

このように，1 つの系を理解しておくと，同等な系であれば（方程式を解かずとも）その物理を理解することができる．これは，微分方程式が同じなら解（したがって物理）も同じであることによるものであり，物理学を学ぶことの面白さの 1 つである．

《発展 2》 単振動の物性への応用として，**プラズマ振動**を考えよう．プラズマ振動とは，金属や半導体中の電子，あるいは電離気体中のイオンなど，自由に動ける荷電粒子の集団において観測される現象である．ここでは金属に対し，次の単純化したモデルを考えよう．

金属の中を覗くと，陽イオンが規則正しく並んでいる（図 1.2(a) 参照）．一方，電流を担う電子（**伝導電子**）も存在し，陽イオンと電子の電荷がちょうどつり合い，金属は中性に保たれている．金属に光を照射すると，光の電場成分によって荷電粒子は力を受ける．このとき動くのは，質量の軽い電子のみであるとする．その結果，たとえば図 1.2(b) に示すように，金属の右側に電子が移動し負電荷が生じる．一方，左側には陽イオンが取り残されるため，正に帯電する．これらの電荷は，光による電場がなくなっても（金属中に）電場を作り出す．この電場の大きさは，電磁気学のガウス（Gauss）の法則を用いると

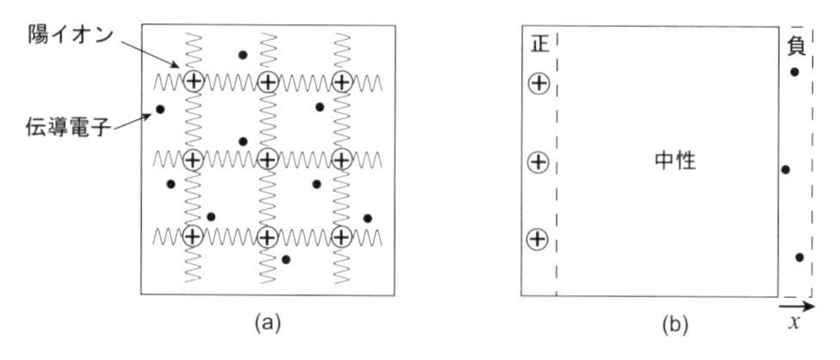

図 1.2 (a) 結晶を構成する陽イオンが（仮想的な）バネで結合され，それらの中を伝導電子が動き回っている．(b) 電場が働いた結果，電子が移動し，新たな電場が発生する．

$$E = 4\pi enx \tag{1.13}$$

となる.[3] ここで，e は電子の電荷（素電荷）であり，n は単位体積あたりの電子数（数密度）である.

この電場から受ける力が復元力となるから，運動方程式は次のようになる.

$$m\frac{d^2x}{dt^2} = -4\pi ne^2 x \tag{1.14}$$

これは式 (1.1) と同じ形をしているから，その解も同じである．式 (1.3) より

$$\omega_{\mathrm{p}} = \sqrt{\frac{4\pi ne^2}{m}} \tag{1.15}$$

これはプラズマ振動数と呼ばれ，光学的性質（金属光沢など）を決める.

振動現象は，一般に 2 つの異なる種類のエネルギーがあって，その間で交互にエネルギーのやり取りが行われるために生じる．このエネルギーの種類は扱う現象によって異なるが，内に秘められた物理は同じである.

1-2　2 個の質点からなる連成振動

1-2-1　基準座標とモード

図 1.3 に示した連成振動子を考える．ここで，2 つの質点の質量 m は同じであり，3 つのバネのバネ定数 f も同じである．バネが伸び縮みしていないと

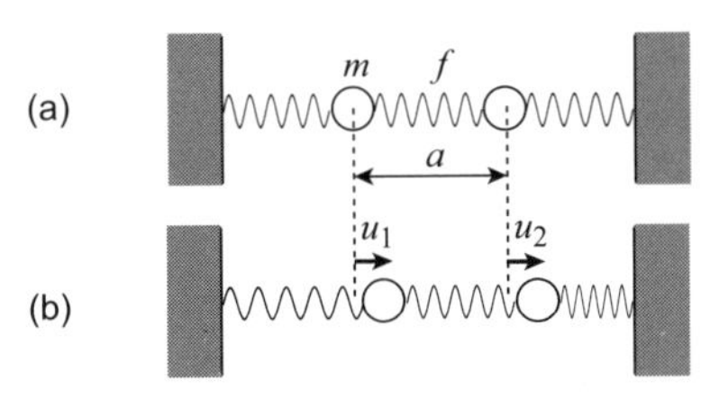

図 1.3　バネでつながれた 2 つの質点の振動系．(a) 平衡状態，(b) 変位した状態.

[3] MKSA 単位系の場合は，右辺は enx/ε_0（ε_0 は真空中の誘電率）となる.

きの長さ（平衡状態におけるバネの長さ）を a とする．ある時刻 t における質点 n（$n = 1, 2$）の変位を u_n と書く．質点 1 と 2 との間の距離は $(a + u_2) - u_1$ であり，これが a より長くなるとバネは縮もうとし，逆に a より短くなる場合はバネは伸びようとする．したがって，質点 2 が 1 から受ける力は，バネ定数を f (> 0) として，次のようになる．

$$-f(u_2 - u_1) \tag{1.16}$$

同様に，質点 1 が 2 から受ける力は

$$-f(u_1 - u_2) \tag{1.17}$$

となる．以上より，運動方程式は次式のようになる．

$$m\frac{d^2u_1}{dt^2} = -fu_1 - f(u_1 - u_2) = -2fu_1 + fu_2, \tag{1.18}$$

$$m\frac{d^2u_2}{dt^2} = -fu_2 - f(u_2 - u_1) = fu_1 - 2fu_2 \tag{1.19}$$

式 (1.18) および (1.19) の組は，連立 2 階線形微分方程式と呼ばれる．[4]

この微分方程式を解くために，次のように変形しよう．

$$m(\ddot{u}_1 + \ddot{u}_2) = -f(u_1 + u_2), \tag{1.20}$$

$$m(\ddot{u}_1 - \ddot{u}_2) = -3f(u_1 - u_2) \tag{1.21}$$

ここで，$q_1 = (u_1 + u_2)/2$, $q_2 = (u_1 - u_2)/2$ のように座標を変換すると，上式は次のように書かれる．

$$m\ddot{q}_1 = -fq_1, \tag{1.22}$$

$$m\ddot{q}_2 = -3fq_2 \tag{1.23}$$

[4] 式 (1.18) および (1.19) のように，未知関数 u_1, u_2 およびその導関数について 1 次の項しか含まないものは，線形と呼ばれる．これに対し，$\sin u_1$ などの項が含まれるものは非線形と呼ばれる．

この式は前節の微分方程式 (1.1) と本質的に同じであり，その解は次のようになる．

$$q_1 = \frac{1}{2}(u_1 + u_2) = A_1 \sin(\omega_1 t + \phi_1), \quad \text{モード 1} \tag{1.24}$$

$$q_2 = \frac{1}{2}(u_1 - u_2) = A_2 \sin(\omega_2 t + \phi_2), \quad \text{モード 2} \tag{1.25}$$

ここで，$\omega_1 = \sqrt{f/m}$, $\omega_2 = \sqrt{3f/m}$ である．

このように，座標をうまく選ぶと（すなわち，u_1 および u_2 の代わりに q_1 および q_2 と選ぶと），単振動の解が得られる．この“うまく選ばれた座標” $q_1 = (u_1 + u_2)/2$ や $q_2 = (u_1 - u_2)/2$ は**基準座標**と呼ばれる．$(u_1 + u_2)/2$ は 2 質点の重心座標であり，$(u_1 - u_2)/2$ は相対座標の半分であるから，式 (1.24) は重心座標の運動を表し，式 (1.25) は相対座標の運動（片方の質点の上に観測者が立ったときのもう一方の質点の運動）を表す．それぞれの単振動で表される運動状態は**基準モード**（あるいは単に**モード**）と呼ばれる．ここでは，式 (1.24) を“モード 1”，式 (1.25) を“モード 2”と名付けた．重心の運動を表すモード 1 も，相対運動を表すモード 2 も単純な単振動である．

質点 1 および質点 2 の振動は次のように表される．

$$u_1 = A_1 \sin(\omega_1 t + \phi_1) + A_2 \sin(\omega_2 t + \phi_2), \tag{1.26}$$

$$u_2 = A_1 \sin(\omega_1 t + \phi_1) - A_2 \sin(\omega_2 t + \phi_2) \tag{1.27}$$

それぞれの質点の運動（異なる 2 つの振動数 ω_1 と ω_2 を重ね合わせた運動）は，重心や相対座標の単純な単振動とは異なり，複雑な運動となる．しかし，系全体が 1 つのモードの運動状態にあるときには，単純な運動となる．たとえば，系全体がモード 1 の運動状態にある場合は，いずれの質点も振動数 ω_1 で運動しているので，$A_1 \neq 0, A_2 = 0$ と置くことができる．このとき，各質点の運動は次のように記述される．

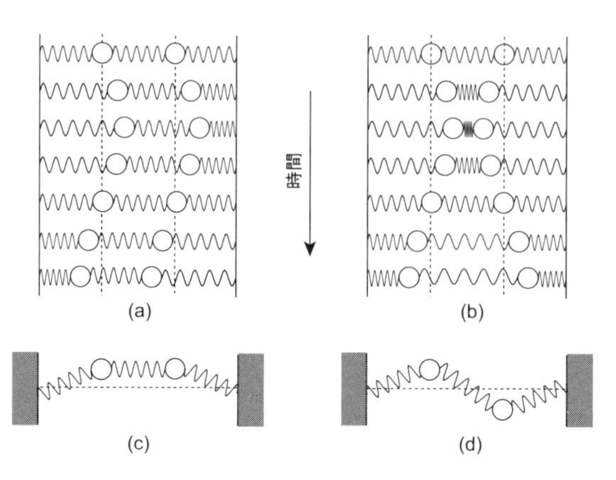

図 1.4　連成振動子のモード 1(a) とモード 2(b)，および対応する（横振動の）同位相モード (c) と逆位相モード (d).

$$u_1 = A_1 \sin(\omega_1 t + \phi_1) = u_2 \tag{1.28}$$

同様にモード 2 の場合は，$A_1 = 0, A_2 \neq 0$ と置くことにより次式が得られる．

$$u_1 = A_2 \sin(\omega_2 t + \phi_2) = -u_2 \tag{1.29}$$

前者のモード 1 は図 1.4(a) に対応し，2 つの質点が同じ距離だけ同じ方向に変位している（すなわち u_1 と u_2 は同じ振幅を持っている）．したがって，中央のバネは伸びもしないし縮みもしない．このようにいつも同じ方向に変位する運動は，**同位相**の運動と呼ばれる．これに対し，モード 2 は図 1.4(b) に対応し，2 つの質点は同じ距離だけ変位しているが変位の方向は逆である（すなわち u_1 と u_2 は同じ大きさの振幅を持っているがその符号は逆である）．このようにいつも逆方向に変位する運動は，**逆位相**の運動と呼ばれる．横振動（質点の運動方向がバネの方向と直交）を考えても同じであり，対応する 2 つのモードが図 (c) および (d) に示されている．

1-2-2　エネルギー

エネルギーを計算しよう．運動エネルギー E_{K} およびポテンシャルエネルギー E_{U} は次のように書かれる．

$$E_{\mathrm{K}} = \frac{1}{2}m\left(\dot{u_1}^2 + \dot{u_2}^2\right), \tag{1.30}$$

$$E_{\mathrm{U}} = \frac{1}{2}f\left({u_1}^2 + (u_1 - u_2)^2 + {u_2}^2\right) \tag{1.31}$$

系の全エネルギーは $E = E_{\mathrm{K}} + E_{\mathrm{U}}$ である．

基準座標 q_1 および q_2 を定義する．[5)]

$$q_1 = \frac{1}{\sqrt{2}}(u_1 + u_2), \quad q_2 = \frac{1}{\sqrt{2}}(u_1 - u_2) \tag{1.32}$$

これを逆に解いて次を得る．

$$u_1 = \frac{1}{\sqrt{2}}(q_1 + q_2), \quad u_2 = \frac{1}{\sqrt{2}}(q_1 - q_2) \tag{1.33}$$

これらを式 (1.30) および (1.31) に代入すると，エネルギーは次のようになる．

$$E_{\mathrm{K}} = \frac{1}{2}m\left(\dot{q_1}^2 + \dot{q_2}^2\right), \tag{1.34}$$

$$E_{\mathrm{U}} = \frac{1}{2}f\left({q_1}^2 + 3{q_2}^2\right) \tag{1.35}$$

式 (1.31) には u_1 と u_2 の積の項が含まれているが，式 (1.35) には q_1 と q_2 の積の項は含まれていない．[6)] これを利用し，全エネルギーを次のように書く．

$$\begin{aligned} E &= E_{\mathrm{K}} + E_{\mathrm{U}} \\ &= \frac{1}{2}\left(m\dot{q_1}^2 + f{q_1}^2\right) + \frac{1}{2}\left(m\dot{q_2}^2 + 3f{q_2}^2\right) \end{aligned} \tag{1.36}$$

---

5) ここでは，前項とは異なる係数を用いた．

6) このような形式は，2 次形式の標準系と呼ばれる．

系のエネルギーは 2 つの単振動のエネルギーの和になっている．

各単振動のエネルギーは次のようになる．

$$E_1 = \frac{1}{2}\left(m\dot{q_1}^2 + f{q_1}^2\right) = \frac{1}{2}\left(m\dot{q_1}^2 + m{\omega_1}^2{q_1}^2\right) = \frac{1}{2}f{A_1}^2, \quad \text{モード 1} \tag{1.37}$$

$$E_2 = \frac{1}{2}\left(m\dot{q_2}^2 + 3f{q_2}^2\right) = \frac{1}{2}\left(m\dot{q_2}^2 + m{\omega_2}^2{q_2}^2\right) = \frac{3}{2}f{A_2}^2, \quad \text{モード 2} \tag{1.38}$$

ここで，式 (1.24)，(1.25) および $\omega_1 = \sqrt{f/m}$，$\omega_2 = \sqrt{3f/m}$ を用いた．2 つのモードのエネルギーが時間に依存しない（すなわち保存される）ことがわかる．このように，モードという概念を用いると，複雑な連成振動も単純な単振動の集合体と見なされることがわかる．これは，後述の格子振動を考えるときの基本となる．

ここで次のことに注目しよう．2 つのモードの振幅が同じとき（すなわち $A_1 = A_2 = A$ のとき），モード 1 およびモード 2 のエネルギーはそれぞれ $(fA^2)/2$ および $(3fA^2)/2$ となり，モード 2 の方が高くなる．これは，モード 1 では中央のバネが伸び縮みしていないのに対し，モード 2 では伸縮しているからである．

1-3　バネで結合された 2 つの振り子の系

もう 1 つ典型的な例を考えよう．図 1.5 に示したように，天井から吊り下げられた 2 つの振り子をバネでつなぐ．平衡位置が図 1.5(a) に示されている．前節までの議論から，2 つのモードが図 1.5(b) および (c) のようになることは，直感的にわかるであろう．以下では，(前節までの考え方を用いて）これを具体的に計算してみよう．

まず，図 1.5(b) の振動のモードでは，2 つの質点の座標にはつねに $u_1 = u_2$

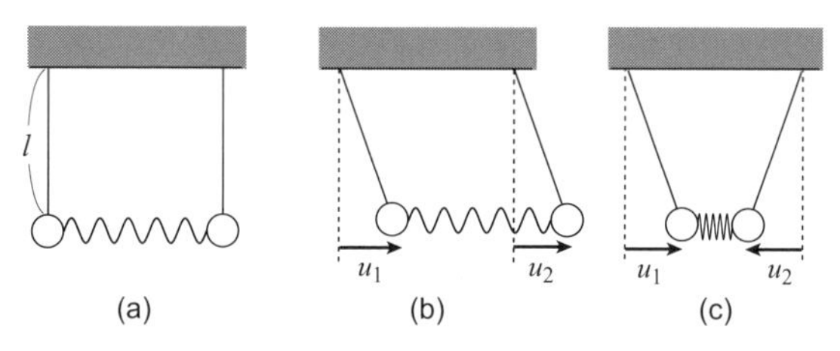

図 1.5　バネで結合された 2 つの振り子の系．(a) は平衡状態，(b) は同位相で振動する 2 つの質点，(c) は逆位相で振動する 2 つの質点を表す．

の関係が存在する．バネは伸び縮みしないから，バネがないのと同じである．したがって，復元力は重力だけであり，運動方程式は次のようになる．

$$\ddot{u} = -\frac{g}{l}u \tag{1.39}$$

ここで，g は重力加速度，l は振り子の糸の長さであり（重さは無視する），質点の変位は小さいとした．この解はもちろん次のようになる．

$$u = A_1 \sin(\omega_1 t + \phi_1) \tag{1.40}$$

ここで，$\omega_1 = \sqrt{g/l}$ である．

次に，図 1.5(c) の振動のモードを考える．このときは常に $u_1 = -u_2$ の関係が成り立つ．今度は，復元力としてバネからの力が加わり，その大きさは $2fu_1$ である．ここで 2 という因子は，もう一方の質点が同じ変位 u_1 だけ近づいてくることに起因する．したがって，運動方程式は次のようになる．

$$\ddot{u} = -\frac{g}{l}u - \frac{2fu}{m} = -\left(\frac{g}{l} + \frac{2f}{m}\right)u \tag{1.41}$$

この解は，$\omega_2 = \sqrt{\frac{g}{l} + \frac{2f}{m}}$ として，次のように書かれる．

$$u = A_2 \sin(\omega_2 t + \phi_2) \tag{1.42}$$

以上より，一般的な運動は，2つのモードの和と差として次のように表される．

$$u_1 = A_1 \sin(\omega_1 t + \phi_1) + A_2 \sin(\omega_2 t + \phi_2), \tag{1.43}$$

$$u_2 = A_1 \sin(\omega_1 t + \phi_1) - A_2 \sin(\omega_2 t + \phi_2) \tag{1.44}$$

一般解 (1.43) および (1.44) において，$A_1 = A_2 = A$ および $\phi_1 = \phi_2 = \frac{\pi}{2}$ と置くと,[7] 次式が得られる．

$$u_1 = A \cos(\omega_1 t) + A \cos(\omega_2 t), \tag{1.45}$$

$$u_2 = A \cos(\omega_1 t) - A \cos(\omega_2 t) \tag{1.46}$$

ここで，${\omega_2}^2 = {\omega_1}^2 + \frac{2f}{m}$ の関係があることに注意しよう．

バネの復元力が重力の復元力より弱いとすると，ω_1 と ω_2 の大きさは同じ程度となる．これより，$\delta\omega$ を正の微小量として，$\omega_1 = \omega_0 - \delta\omega$, $\omega_2 = \omega_0 + \delta\omega$ と置くと，上式は次のように書かれる．

$$u_1 = 2A \cos(\omega_0 t) \cos(\delta\omega t), \tag{1.47}$$

$$u_2 = 2A \sin(\omega_0 t) \sin(\delta\omega t) \tag{1.48}$$

$\omega_0 \gg \delta\omega$ に注意して u_1 および u_2 の時間発展をグラフに描くと図 1.6 のようになる．式 (1.47) および (1.48) に $t = 0$ を代入すると，$u_1 = 2A$, $u_2 = 0$ とな

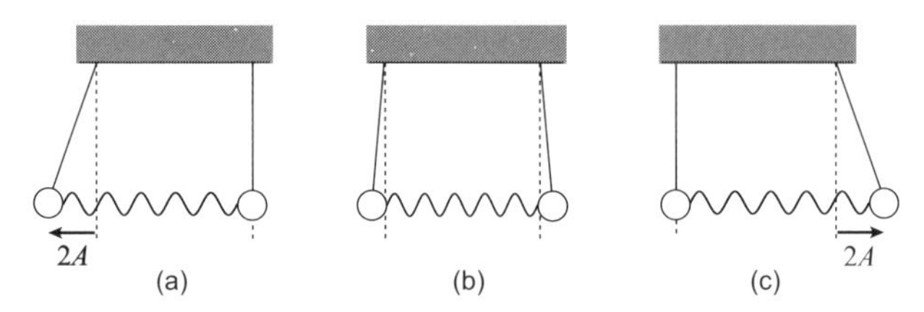

図 1.6　u_1 および u_2 の時間発展．時間の経過とともに，(a)→(b)→(c) と移り変わる．

[7] このように置くことは，後述のように，初期値を設定することに対応する．

る．これは，図 1.6(a) の状態に対応する．時間が経つにつれ，u_1 の振幅は次第に小さくなり，代わりに u_2 の振幅が次第に大きくなる．これは，図 1.6(b) の状態に対応する．さらに時間が経過すると，u_1 の振幅は零となり，u_2 の振幅は $2A$ となる．この後は，最初の状態に戻る．（摩擦がない限り）この過程が繰り返されることは明らかであろう．

エネルギーについて考えよう．$t = 0$ では，左の振動子に（ポテンシャルエネルギーとして）エネルギーが蓄えられている．このエネルギーは，徐々に右側の振動子に伝わり，ある時間の後には，すべてのエネルギーが右の振動子に移される．時間の経過とともに，このエネルギーのやり取りが繰り返される（図 1.7 参照）．これは**うなり**としてよく知られた現象である．

バネで結合された振動子のエネルギーが隣の振動子に伝わることは，物質の中でも起こっている．格子振動（格子波と呼ばれる）や磁気的な振動（スピン波と呼ばれる）においても同様のことが生じている．これらについては，後の章で学ぶ．

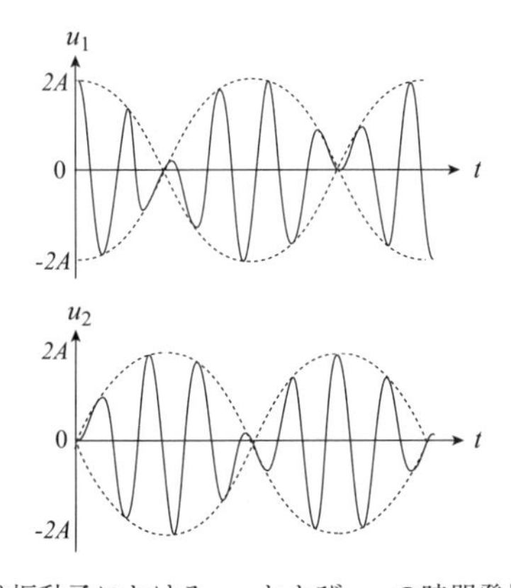

図 1.7　連成振動子における u_1 および u_2 の時間発展の概略図．

1-4　モードの一般的な求め方

モードの一般的な求め方について以下に示そう．微分方程式 (1.18) および (1.19) を次のように書き直す．

$$\frac{d^2u_1}{dt^2} = -A_{11}u_1 - A_{12}u_2, \tag{1.49}$$

$$\frac{d^2u_2}{dt^2} = -A_{21}u_1 - A_{22}u_2 \tag{1.50}$$

同一モードにおいては，振動数と位相は同じであるから，次のように置くことができる．

$$u_1 = A_1\sin(\omega t + \phi), \tag{1.51}$$

$$u_2 = A_2\sin(\omega t + \phi) \tag{1.52}$$

これらを運動方程式 (1.49) および (1.50) に代入すると以下が得られる．

$$-\omega^2 A_1 = -A_{11}A_1 - A_{12}A_2, \tag{1.53}$$

$$-\omega^2 A_2 = -A_{21}A_1 - A_{22}A_2 \tag{1.54}$$

行列を用いて次のように変形しよう．

$$-\omega^2\begin{pmatrix} A_1 \\ A_2 \end{pmatrix} = \begin{pmatrix} -A_{11} & -A_{12} \\ -A_{21} & -A_{22} \end{pmatrix}\begin{pmatrix} A_1 \\ A_2 \end{pmatrix}$$

左辺を右辺に移項することにより次が得られる．

$$\begin{pmatrix} \omega^2 - A_{11} & -A_{12} \\ -A_{21} & \omega^2 - A_{22} \end{pmatrix}\begin{pmatrix} A_1 \\ A_2 \end{pmatrix} = \begin{pmatrix} 0 \\ 0 \end{pmatrix}$$

方程式 (1.53) および (1.54) が意味のある解をもつためには,[8] 次のように行列式がゼロでなければならない.

$$\begin{vmatrix} \omega^2 - A_{11} & -A_{12} \\ -A_{21} & \omega^2 - A_{22} \end{vmatrix} = 0$$

この行列式を解くと，次式が得られる.

$$\omega^2 = \frac{1}{2}\left(A_{11} + A_{22} \pm \sqrt{(A_{11} - A_{22})^2 + 4A_{12}A_{21}}\right) \tag{1.55}$$

複号のうち正の方を ${\omega_1}^2$，負の方を ${\omega_2}^2$ と書こう．これらは，2 つのモードのそれぞれの固有振動数を表す.

次に，u_1 と u_2 の振動の振幅の比 A_1/A_2 を求めよう．方程式 (1.53) を変形すると，次式が得られる.

$$\frac{A_1}{A_2} = \frac{A_{12}}{\omega^2 - A_{11}} \tag{1.56}$$

振動数 ${\omega_1}^2$（対応するモードを “モード 1” と呼ぼう）を方程式 (1.56) に代入すると，モード 1 の振幅比が得られる.

$$\frac{A_1}{A_2} = \frac{A_{12}}{{\omega_1}^2 - A_{11}} \tag{1.57}$$

同様にもう一方のモード（“モード 2”）の（u_1 と u_2 の）振幅比も求まる.

$$\frac{B_1}{B_2} = \frac{A_{12}}{{\omega_2}^2 - A_{11}} \tag{1.58}$$

これら 2 つのモードの重ね合わせとして，一般解は次式で表される.

$$u_1 = A_1 \sin(\omega_1 t + \phi) + B_1 \sin(\omega_2 t + \phi), \tag{1.59}$$

$$u_2 = A_2 \sin(\omega_1 t + \phi) + B_2 \sin(\omega_2 t + \phi) \tag{1.60}$$

---

[8] 意味のない解とは，$A_1 = 0$，$A_2 = 0$ という “振動していない解” のことである.

《発展 3》 バネでつながれた 3 つの質点からなる振動系（図 1.8(a) 参照）についても同じように考えることができる．まず，前節までの類推により，図 1.8(b)-(d) のような，3 つの基準振動が存在すると期待される．縦振動では見にくいので，(b), (c), (d) に対応する横振動のモードを (e), (f), (g) に示す．(b) および (e) のモード 1 では，すべての質点が同じように（同じ位相で）運動している．(c) および (f) のモード 2 では，質点 2 はつねに静止し，質点 1 と質点 3 は逆方向に（同じ振幅で）運動している．(d) および (g) のモード 3 では，質点 1 と 3 が同じ方向に移動し，質点 2 は逆方向に運動している．なお，いずれのモードにおいても，すべての質点は，同時に平衡位置を通過する．これは，位相定数（後述の式 (1.64), (1.65), (1.66) における ϕ_1, ϕ_2, ϕ_3）がそれぞれのモードで共通であることに起因する．

質点の質量もバネ定数もみな同じであるとすると，運動方程式は次のようになる．

$$m\frac{d^2u_1}{dt^2} = -fu_1 - f(u_1 - u_2) = -f(2u_1 - u_2), \tag{1.61}$$

$$m\frac{d^2u_2}{dt^2} = -f(u_2 - u_1) - f(u_2 - u_3) = -f(2u_2 - u_1 - u_3), \tag{1.62}$$

$$m\frac{d^2u_3}{dt^2} = -f(u_3 - u_2) - fu_3 = -f(2u_3 - u_2) \tag{1.63}$$

上に示した一般的な処方箋にしたがって解けば,（計算は各自に任せ結果のみを示すと）次式が得られる．

$$\text{モード 1：}\quad u_1 = \frac{A_1}{2}\cos(\omega_1 t + \phi_1) = u_3,\ u_2 = \sqrt{2}u_1, \tag{1.64}$$

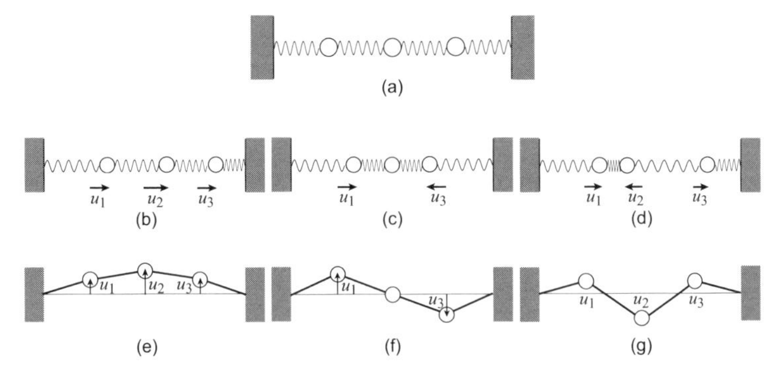

図 1.8 バネでつながれた 3 つの質点からなる振動系の基準振動のモード．(a) は平衡状態，(b) はモード 1，(c) はモード 2，(d) はモード 3 を表す．(e), (f), (g) は横振動であり，(b), (c), (d)（いずれも縦振動）に対応する．

$$\text{モード 2：}\quad u_1 = \frac{A_2}{\sqrt{2}}\cos(\omega_2 t + \phi_2) = -u_3,\ u_2 = 0, \tag{1.65}$$

$$\text{モード 3：}\quad u_1 = \frac{A_3}{2}\cos(\omega_3 t + \phi_3) = u_3,\ u_2 = -\sqrt{2}u_1 \tag{1.66}$$

ここで，$\omega_0 = \sqrt{f/m}$ としたとき，${\omega_1}^2 = (2-\sqrt{2}){\omega_0}^2$，${\omega_2}^2 = 2{\omega_0}^2$，${\omega_3}^2 = (2+\sqrt{2}){\omega_0}^2$ である．バネの伸縮の状態から，モード 1 より 2 の方がエネルギーが高く（振動数 ω_1 より ω_2 の方が大きく），モード 2 よりモード 3 の方がエネルギーはさらに高く（ω_2 より ω_3 の方がさらに大きく）なることも理解されよう．

1-1 節で学んだように，1 個の質点の場合の座標の数（**自由度**と呼ぶ）が 1 個の場合は，モードの数も 1 個である．(1 個の質点でも，3 次元の運動を考えるのであれば，自由度は 3 になる．ここでは 1 次元の運動を考えていることを思い出そう.）次に 1-2 節で学んだように，2 個の質点の場合は，自由度は 2 であるから，モードの数も 2 個になる．次に 3 個の質点の場合は，上の発展で見たように，モードの数は 3 になる．このことは，ω^2 に関する行列式が 1 個の質点の場合は 1×1，2 個の質点の場合は 2×2，3 個の質点の場合は 3×3 であることから理解されよう．これより，N 個の質点からなる系のモードの数は（1 次元系では）N になることもわかるであろう．

《発展 4》 後に見るように，質点の数を増やすことにより，質点とバネからなる系は連続的な紐の系とみなされる．図 1.8(e)-(g) を紐の振動のように見立てると，モード 1 は平衡状態を表す横線と交わらないことがわかる．この状態は，“節を持たない” と呼ばれる．同様に考えると，モード 2 では節を 1 つ持ち，モード 2 では節の数が 2 になることがわかる．このように，節の数が多くなるにつれ，対応する状態のエネルギーは高くなる．同じことは，後に自由電子の波動関数のエネルギーを考える際にも現れる．

第2章

数が増えるとどうなるか
——多自由度系の力学

初等的な古典力学から物性物理学への橋渡しとして，本章では，前章を拡張して，多数の粒子からなる系について学習する．これにより，分散関係や分散曲線という重要な概念が理解されるであろう．

2-1　モードの形と固有振動数

2-1-1　モードの形

前章で学んだことを図2.1にまとめる．質点が1個の場合はモードの数は1個であり，質点の数が増えるにしたがって，モードの数も増加した．前章では考えなかった4個の質点系のモードが図2.1の $N=4$ のようになること

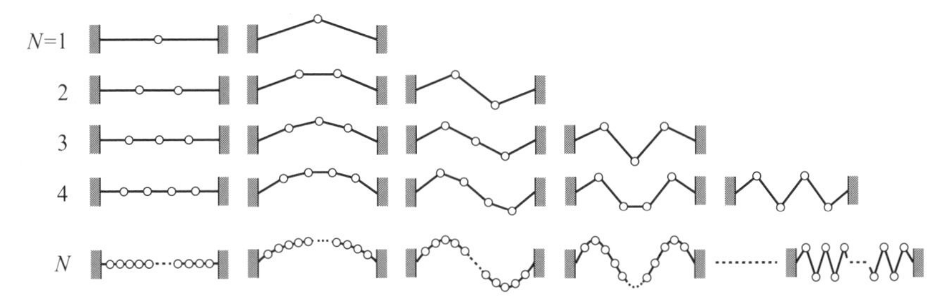

図2.1　バネでつながれた質点からなる振動系（1次元）のモードとその形．

も十分理解されよう．質点の数がもっと多い N 個（アボガドロ（Avogadro）数程度の大きな数でもよい）の場合も同じであって，モードの数は N 個になる．そのうち最もエネルギーの低いものは左端の図に対応するが，これは単に平衡状態を表しているだけであるから，ここでは問題にしない．次にエネルギーの高いモードは，節を（両端以外で）持たない正弦波（半波長分）のような形をしている．次にエネルギーの高いモードは，節を1個持つ正弦波（1波長分）の形を持つ．これをどんどん繰り返していくと，最もエネルギーの高いモードは右端の形（隣り合う質点が互いに逆方向（逆位相）で並んでいる状態）を有していることがわかる．

2-1-2　モードの固有振動数

N 個の質点からなる系を考えよう．図2.2のように，質点に番号を付ける．バネが伸び縮みしていないときの長さ（平衡状態におけるバネの長さ）を a とする．ある時刻 t における質点 n の変位を u_n と書く．質点 $n-1$ と n との間の距離は $(a+u_n)-u_{n-1}$ であり，これが a より長くなるとバネは縮もうとし，逆に a より短くなる場合はバネは伸びようとする．したがって，質点 n が $n-1$ から受ける力は，バネ定数を $f\ (>0)$ として，次のようになる．

$$-f(u_n - u_{n-1}) \tag{2.1}$$

同様に，質点 n が $n+1$ から受ける力は

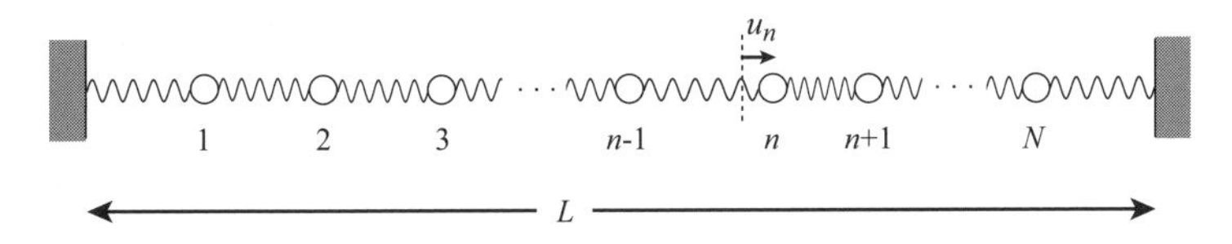

図2.2　1次元に配列した N 個の質点からなる系．質量 m の各質点はバネ定数 f のバネでつながれている．

$$-f(u_n - u_{n+1}) \tag{2.2}$$

となる．以上より，運動方程式は次式のようになる．

$$m\frac{d^2u_n}{dt^2} = -f(2u_n - u_{n-1} - u_{n+1}) \tag{2.3}$$

ここでは代表点として質点 n を考えたが，(両端の質点を除けば) いずれの質点に対しても同じ式が成り立つ．

微分方程式 (2.3) は，両端の質点を除けば，どの n に対しても同じである．両端の質点に対しても同じ方程式が成り立つように，両端に質点 0 と質点 $N+1$ を付け加える．ただしこれらは壁に固定されているとし，$u_0 = 0$, $u_{N+1} = 0$ の付帯条件をつけておく．

基準モードを求めるために，変位 u_n を次のように書き表す. (ここで，各モードは同一の振動数および位相を持っていたことを思い出そう.)

$$\cdots\cdots$$

$$u_{n-1} = A_{n-1}\cos(\omega t + \phi), \tag{2.4}$$

$$u_n = A_n\cos(\omega t + \phi), \tag{2.5}$$

$$u_{n+1} = A_{n+1}\cos(\omega t + \phi) \tag{2.6}$$

$$\cdots\cdots$$

ここで，モードの振動数を ω とした．これを微分方程式 (2.3) に代入すると次式が得られる．

$$m\omega^2 A_n = f(2A_n - A_{n-1} - A_{n+1}) \tag{2.7}$$

これを変形して，次の漸化式を得る．

$$A_{n-1} + A_{n+1} = \left(2 - \frac{m\omega^2}{f}\right)A_n \tag{2.8}$$

これは，隣接する質点の振幅の関係を表すものであり，前項の“モードの形”を決める式である．前項の議論から，次のような正弦波の形を仮定しよう．

$$A_n = A\sin(kna) \tag{2.9}$$

ここで，a は 1 つのバネの長さであり，[1] k は長さの逆数の次元を持つ定数である．[2] 式 (2.9) を式 (2.8) に代入すると次が得られる．[3]

$$2\cos ka = 2 - \frac{m\omega^2}{f} \tag{2.10}$$

これを変形して次式を得る．

$$\omega^2 = \frac{2f}{m}(1-\cos ka) = \frac{4f}{m}\sin^2\frac{ka}{2} \tag{2.11}$$

この関係式 (2.11) が満たされれば，仮定した解 (2.9) は，式 (2.7) あるいは式 (2.8) の解となる．振動数は正であるとして，式 (2.11) の（正の）平方根をとると，次の固有振動数が得られる．

$$\omega = 2\sqrt{\frac{f}{m}}\sin\frac{ka}{2} \tag{2.12}$$

付帯条件 $u_0 = u_{N+1} = 0$（**境界条件**と呼ばれる）について考えよう．式 (2.9) に $n = 0$ を代入すると，$A_0 = 0$ となり，$u_0 = 0$ となる．すなわち式 (2.9) は，付帯条件 $u_0 = 0$ を自動的に満たしている．次に $N+1$ に関する付帯条件は，$A_{N+1} = A\sin(k(N+1)a) = 0$ となる．これが満たされるためには，[4]

$$k(N+1)a = \pi,\ 2\pi,\ 3\pi,\ \cdots,\ p\pi,\ \cdots,\ N\pi \tag{2.13}$$

---

[1] a は繰り返しの基本単位長さであり，結晶での格子定数に対応する．

[2] 正弦関数の引数 kna は次元を持たず，a は長さの次元を持つ．番号 n も次元を持たないから，結局，k は長さの逆数の次元を持つ．

[3] 次の関係式　$\sin((n\pm1)ka) = \sin(nka)\cos ka \pm \cos(nka)\sin ka$ を用いた．

[4] $A = 0$ という解は意味がないので考えないこととする．

でなければならない．ここで，p は $p=1,2,\cdots,N$ に限られることに注意しよう（補足1を参照）．これより，定数 k は勝手な値ではだめで，

$$k_1=\frac{\pi}{L},\ k_2=2\frac{\pi}{L},\ k_3=3\frac{\pi}{L},\ \cdots,\ k_p=p\frac{\pi}{L},\ \cdots,\ k_N=N\frac{\pi}{L} \tag{2.14}$$

の関係を満たさなければならないことがわかる．ここで，質点系の左端から右端までの長さを $L=(N+1)a$ とし，p に対応する k に添え字をつけ k_p と記した．

【補足 1】 許される k の数が N 個に限られることについて考えよう．まず，$p=0$ のときを考えると，$k=0$ となり，$A_n=0$ となる．これはすべての質点が変位していないことを表し，意味のない結果となってしまう．次に $p<0$ について考えると，$k_p=-k_{|p|}$ であるから，$A_n=A\sin(-k_{|p|}na)=-A\sin(k_{|p|}na)$ となるが，これは本質的に $A_n=A\sin(k_{|p|}na)$ と同じものである．$p=N+1$ について考えると，$A_n=A\sin\left(\frac{(N+1)\pi}{L}na\right)=\sin(n\pi)=0$ となり，また意味のない結果を与える．$p=N+2$ 等に対しても同じような結果が得られる．以上より，$p=1,2,\cdots,N$ を考えるだけで十分であることがわかる．

振動数 ω のモードに対し時間依存性まで含めると，n 番目の質点の変位は次のように書かれる．

$$u_n=A\sin(nk_pa)\cos(\omega t+\phi)\quad \left(k_p=\frac{p\pi}{L}\quad (p=1,2,\cdots,N)\right) \tag{2.15}$$

たとえば，$p=1$ に対応する k_1 を式 (2.15) に代入すると，

$$u_n=A\sin\left(n\frac{a}{L}\pi\right)\cos(\omega_1 t+\phi) \tag{2.16}$$

となる．ここで，ω_1 は k_1 を式 (2.12) に代入することによって得られる．この運動は，振動数 ω_1 の単振動であり，最もエネルギーの低いモード（図 2.1 の半波長分の正弦波の状態）に対応する．これは，波長 $\lambda_1=2L$ の波を表す．$\lambda_1=2\pi/k_1$ の関係からわかるように，k_1 は**波数**（「単位長さに含まれる波の

数」に 2π を乗じたもの）を表す.[5] 同様に考えれば，$p = 2$ に対応する k_2 は，波長が L，波数が $k_2 = (2\pi)/L$ の波に対応することがわかる．さらに p を増大し $p = N$ の波を考えると，図 2.1 の右端に示したように，隣接する質点は互いに逆方向に（逆位相で）変位している．これより短い波長の波は意味をなさないから，$p > N + 1$ を考える必要はない.

2-2　分散関係と分散曲線

振動数と波数の関係を与える式 (2.12) を再掲しよう.

$$\omega_p = 2\sqrt{\frac{f}{m}}\sin\frac{k_p a}{2} \tag{2.17}$$

ここでは，波数 k_p のモードに対し振動数 ω_p が対応することを明示するため，モードを表す添え字 p を付した．この関係式を**分散関係**と呼ぶ．これを図示すると図 2.3 のような**分散曲線**が得られる.

小さな波数の領域（$k_p a \ll 1$）においては，$\sin\frac{k_p a}{2} \simeq \frac{k_p a}{2}$ の関係が成り立つから，次の近似式が成り立つ.

$$\omega_p = \sqrt{\frac{f}{m}}k_p a \tag{2.18}$$

すなわち，低波数領域では，振動数 ω は波数 k に対し線形に増大する．波数が増大するにつれ，正弦関数の形を反映し，線形の関係からはずれてくる．波数が最大の値 $k_{p=N} = \frac{N\pi}{L}$ に達すると，振動数は最大値 $\omega = 2\sqrt{\frac{f}{m}}\sin\frac{Na}{2L}\pi = 2\sqrt{\frac{f}{m}}$ をとる．ここで，$L = (N+1)a \simeq Na$ の関係を用いた.

許される波数は $k_p = p\pi/L$ であるから，横軸上のモードを表す（波数の）

[5] 波数に対する定義としては，物性物理では，$\lambda = 1/k$ より $\lambda = 2\pi/k$ の方がよく用いられる.

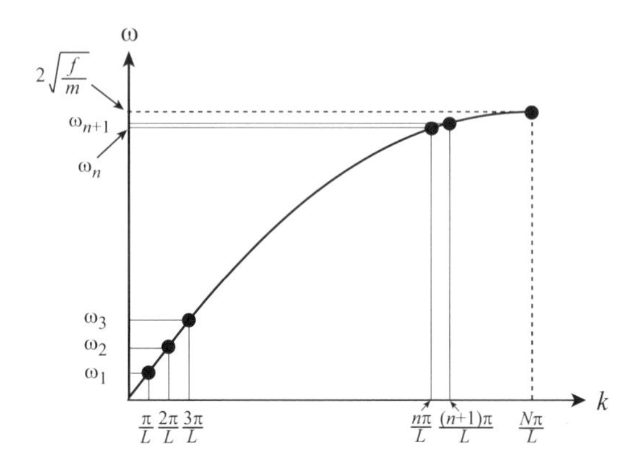

図 2.3 N 個の質点からなる振動子系における分散曲線.

点は等間隔 π/L で並んでいる．これに対し，対応する縦軸上の振動数は低波数領域ではほとんど一定間隔であるが（ω が k に比例することを反映），大きな波数領域では（波数が大きくなるにつれ）点の間隔は狭くなる.[6)]

ここで，図 2.3 と図 2.1 の関係を調べよう．格子振動の波の波長 λ を波数 k を用いて表すと $\lambda = 2\pi/k$ となる．したがって，たとえば $k = \pi/L$ の状態は波長が $2L$ である．これは，図 2.1 の N の場合の左から 2 番目の状態に対応する．では,（図 2.1 の）一番左の状態はどのような状態であるかと考えると，どのバネも伸び縮みがないので，これは波長が無限大すなわち波数がゼロの波であるが，これは単に平衡状態を表す．これを除けば，左から 2 番目は波数が $k = \pi/L$，その次は波数が $k = 2\pi/L$ の波であり，同様に考えていくと右端の波は波数が $k = N\pi/L$ の波である．これらの一連の波数は，図 2.3 の横軸上に書かれている波数に対応している．第 6 章で学ぶように，縦軸はエネルギー E に対応する（$E = \hbar\omega$，ここで $\hbar$ はプランク定数 h を 2π で割った量）．これより，図 2.3 と図 2.1 の関係が明らかになる．たとえば $k = 0$ の状

6) このことは，状態密度と呼ばれる概念（第 8 章参照）を学ぶときに重要になる．

態は，バネの伸び縮みがないので弾性エネルギーの増加はない．したがって励起エネルギーすなわち振動数はゼロである．波数が大きくなるにつれ，バネの伸び縮みが大きくなり，励起エネルギーすなわち振動数は大きくなる．

【補足 2】 ここまで，$u_0 = 0$，$u_N = 0$ という境界条件（**固定端**と呼ばれる）を考えてきた．ここで得た分散関係は，境界条件に依存するのであろうか．分散関係 (2.12) を求める過程を振り返ると，どこにも境界条件は使われていない．このことからわかるように，分散関係は境界条件とは無関係に決まる．たとえば，一端のみを固定し，他端を自由に動けるようにした場合（**自由端**と呼ばれる）を考えてみる（図 2.4 参照）．（このときは横振動になる．）分散関係の式の形が同じになることを各自確認してほしい．図にはエネルギーの低い 3 つのモードが示されている．最低エネルギーのモードは節を持たず，エネルギーが高くなるにつれ節の数が 1 つずつ増えていくことも，両端が固定されている場合と同じである．一方，モードの形は異なる．最低エネルギーのモードは，$\lambda_1 = 4L$（λ はモードの形を表す波長）の関係を持ち，他のモードは $\lambda_3 = \frac{4}{p'}L$ の関係を持っている．ここで，p' は奇数である．

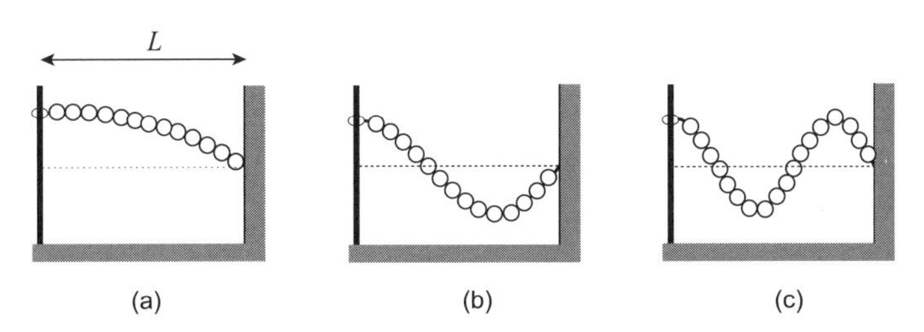

図 2.4　右端が固定端，左端が自由端の系．自由端では質点（おもり）に輪が付けられ，その輪は（上下方向に）自由に動けるように棒にはめられている．(a), (b), (c) は低エネルギーの 3 つのモードを示す．

2-3　結合振り子

前章でも考えた「バネで結合された振り子（結合振り子）」の系を考えよう（図 2.5 参照）．この系では，（質の異なる）2 種類の力が働いている．1 つは重

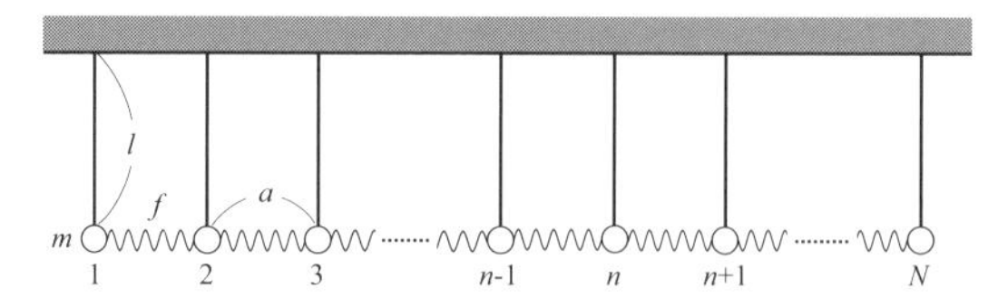

図 2.5　N 個の質点と，それらをつなぐバネからなる系（結合振り子）.

力であり，隣の質点の変位には依存しない．もう 1 つはバネによる力で，隣の質点の変位に依存する．運動方程式は次のようになる．

$$m\frac{d^2u_n}{dt^2} = -\frac{mg}{l}u_n - f(u_n - u_{n-1}) + f(u_{n+1} - u_n) \tag{2.19}$$

モードを求めるために，次のように置く．

$$u_n = A_n \cos(\omega t + \phi) \tag{2.20}$$

これを運動方程式 (2.19) に代入すると，次式が得られる．

$$\omega^2 A_n = \frac{g}{l}A_n + \frac{f}{m}(2A_n - A_{n+1} - A_{n-1}) \tag{2.21}$$

モードの形を次のように仮定する．

$$A_n = A\sin(kna) \tag{2.22}$$

式 (2.22) を式 (2.21) に代入すると，固有振動数が次のように求まる．

$$\omega = \sqrt{\frac{g}{l} + \frac{4f}{m}\sin^2\frac{ka}{2}} \tag{2.23}$$

（$g = 0$ の場合は，先に考えたバネで結合した質点系に対応し，式 (2.23) は以前の結果 (2.17) を再現する．）付帯条件（境界条件）は同じであるから，許される波数は次のようになる．

$$k_p = \frac{p\pi}{L} \quad (p = 1, 2, \cdots, N) \tag{2.24}$$

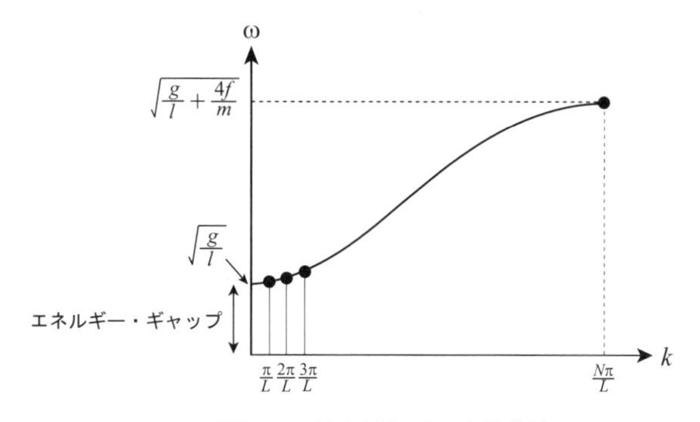

図 2.6　結合振り子の分散曲線.

これを図示すると図2.6が得られる．図2.3と異なり，$k=0$ で ω はゼロとならない．これは“エネルギー・ギャップ”と呼ばれ，バネが伸び縮みしていなくても振り子のエネルギーが存在することから生じる．

《**発展 1**》地球の上空には**電離層**と呼ばれる空気の層がある．この層の中の空気（N_2 と O_2 の分子）の一部は，太陽からの紫外線を受け電離し，正イオンと電子に分離する．このような状態（**プラズマ**）は平均して考えると中性であり，電場は生じない．しかし，この電気的中性は局所的に破れることがある．このとき，電子濃度に濃淡が生じ，その結果電場が生じるが，この電場は電子の濃度の乱れを戻すように作用する．乱れがなくなってしまえば 振動は起こらないが，実際には，電子は“行き過ぎて”しまい，逆方向の乱れを誘起してしまう．この過程を繰り返すことによって振動が生じる．これは第1章の発展2で論じたプラズマ振動であり，その分散関係は次式のようになる．

$$\omega^2 = {\omega_{\mathrm{p}}}^2 + c^2k^2 \tag{2.25}$$

ここで，**プラズマ振動数** ω_{p} は電離層においては 10 ∼ 30 MHz の程度であり，c は光速である．これは，結合振り子と同じように，エネルギー・ギャップ ω_{p} を持っている．

さて，電離層に向かって電波を放射したとしよう．電波の中の電場は，電離層の中のプラズマを振動させようとする．しかし，その電波（電場）の振動数が ω_{p} より小さい場合は，電離層の境界から離れた場所にあるプラズマの粒子をあまり振動しない．つまり，低周波の電波（電場）は電離層の中を伝搬することができず，電離層のところで反射されてしまう．この性質をうまく利用したのが AM のラジオ電波である．AM

波は 1MHz 程度の周波数を持つため電離層で反射される．このため，山を越えた向こう側でもラジオを聴くことができる．

2-4　連続的な弦

前節までは，N は十分に大きいものの有限と考えてきた．$N \to \infty$ の極限を取ると，バネでつながれた質点の系は，連続的な紐と見なされる（図 2.7 参照）．このとき，式 (2.15) は，**定在波**に対応する．すなわち，質点の平衡位置（質点が x 軸方向に並んでいるとする）を $x = na$ と置くと，式 (2.15) は次のようになる．

$$u(x,t) = A \sin kx \cos(\omega t + \phi) \tag{2.26}$$

質点系の場合は質点に番号 n を付けて区別したが，弦の場合は左端の原点から測った距離 x で位置を区別する（図 2.7(b) 参照）．また，時間 t の関数であることを明示するため，$u(x,t)$ とした．

運動方程式 (2.3) を次のように書き直す．

$$\begin{aligned} m\frac{d^2 u_n}{dt^2} &= f(u_{n+1} - u_n - u_n + u_{n-1}) \\ &= F\left(\frac{u_{n+1} - u_n}{a} - \frac{u_n - u_{n-1}}{a}\right) \end{aligned} \tag{2.27}$$

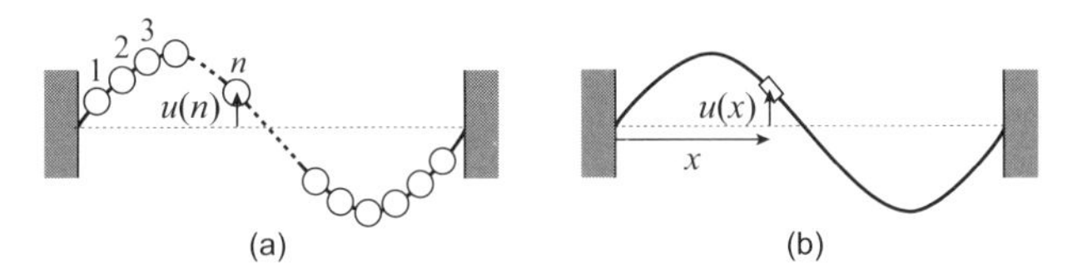

図 **2.7**　多数の質点系 (a) と弦 (b) との対応．

ここで，$F = fa$ と置いた．a は微小量であると考え，次のように置き換える．

$$\frac{u_{n+1} - u_n}{a} = \frac{u(x+a) - u(x)}{a} \Longleftrightarrow \frac{du(x)}{dx} \equiv U(x) \tag{2.28}$$

さらに次のように置き換える．

$$\frac{1}{a}\left(\frac{u_{n+1} - u_n}{a} - \frac{u_n - u_{n-1}}{a}\right) = \frac{U(x) - U(x-a)}{a} \Longleftrightarrow \frac{dU(x)}{dx} = \frac{d^2u(x)}{dx^2} \tag{2.29}$$

したがって，式 (2.27) は次のように書き表される．

$$\frac{\partial^2 u(x,t)}{\partial t^2} = \frac{fa^2}{m}\frac{\partial^2 u(x,t)}{\partial x^2} \tag{2.30}$$

ここで，u は座標 x と時間 t の関数であるから，常微分を偏微分に直した．式 (2.30) は，**波動方程式**と呼ばれる．

【補足 3】 電磁気学における（光の）波動方程式は次式で与えられる．

$$\frac{\partial^2 E_z}{\partial t^2} = c^2 \frac{\partial^2 E_z}{\partial x^2} \tag{2.31}$$

ここで，c は光速，E_z は電場 $\boldsymbol{E}$ の z 成分である．これを式 (2.30) と比べることにより，速さ v を次式で定義する．

$$v = \sqrt{\frac{f}{m}}a \tag{2.32}$$

これは，弦の振動が伝わる速さ，すなわち“音速”を表す．

式 (2.26) を波動方程式 (2.30) に代入すると，補足 3 で求めた音速 v を用いて，分散関係が次のように求まる．

$$\omega = \sqrt{\frac{f}{m}}ak = vk \tag{2.33}$$

これは，次式で与えられる（真空中の）光の分散関係と同型である．

$$\nu = \frac{c}{\lambda} \quad \text{あるいは} \quad \omega = ck \tag{2.34}$$

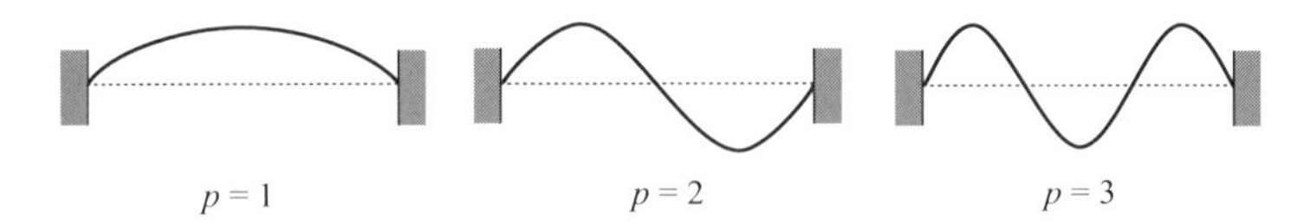

図 2.8 弦のモードの概略図．p が小さい場合の例が示されている．

このように，振動数 ω と波数 k が比例する場合は，**非分散性**の波動と呼ばれる．これに対し，式 (2.17) や式 (2.23) は，**分散性**の波動と呼ばれる．

境界条件は次のように書かれる．

$$u(0,t)=0,\quad u(L,t)=0 \tag{2.35}$$

この条件がすべての時間に対し成り立っていなければならない．この条件を式 (2.26) に適用すると，次が得られる．

$$\sin 0\cos(\omega t+\phi)=0,\quad \sin kL\cos(\omega t+\phi)=0 \tag{2.36}$$

第 1 式は自動的に満たされる．第 2 式が満たされるためには，次が成り立たねばならない．

$$k=\frac{p\pi}{L}\quad (p\text{ は正の整数}) \tag{2.37}$$

p が正に限られる理由は，負の p すなわち負の k に対し，

$$u(x,t)=A\sin(-|k|x)\cos(\omega t+\phi)=-A\sin(|k|x)\cos(\omega t+\phi) \tag{2.38}$$

のように振幅の符号を逆にするだけでよいからである．図 2.8 に示すように，モードの形は N 個の質点系と同じである．ただし，p の値に上限はない．

《**発展 2**》 連続な弦の場合は，バネの長さ a は波の波長 λ に比べれば十分小さい．この条件 $ka\ll 1$ を式 (2.17) に適用すると，次式が得られる．

$$\omega=2\sqrt{\frac{f}{m}}\sin\frac{ka}{2}\simeq 2\sqrt{\frac{f}{m}}\frac{ka}{2}=\sqrt{\frac{f}{m}}ka \tag{2.39}$$

これは式 (2.33) である．これより，連続的な弦，すなわち自由度の数 N が無限に大きい場合には，非分散性となることがわかる．

《**発展 3**》 結合振り子を考える．このときの運動方程式 (2.19) は次のようであった．

$$\frac{d^2u_n}{dt^2} = -\frac{g}{l}u_n - \frac{f}{m}(u_n - u_{n-1}) + \frac{f}{m}(u_{n+1} - u_n) \tag{2.40}$$

右辺第 1 項を除いたときの波動方程式は上に求められた．第 1 項を含めた場合には，${\omega_0}^2 = g/l$ として，次のようになる．

$$\frac{\partial^2 u(x,t)}{\partial t^2} = -{\omega_0}^2 u(x,t) + \frac{fa^2}{m}\frac{\partial^2 u(x,t)}{\partial x^2} \tag{2.41}$$

これはクライン-ゴルドン（Klein-Gordon）の波動方程式と呼ばれる有名な波動方程式である．相対論的な自由粒子に対して成り立つことが知られている．

解として

$$u(x,t) = A(x)\cos(\omega t + \phi) \tag{2.42}$$

と置いてみる．これを式 (2.41) に代入すると次式が得られる．

$$\frac{d^2A(x)}{dx^2} = \frac{m}{fa^2}({\omega_0}^2 - \omega^2)A(x) \tag{2.43}$$

$\omega^2 > {\omega_0}^2$ の場合は，$k^2 = (\omega^2 - {\omega_0}^2)m/(fa^2)$ と置くと，

$$\frac{d^2A(x)}{dx^2} = -k^2A(x) \tag{2.44}$$

となる．この解はもちろん次のような振動解である．

$$A(x) = C_1\cos kx + C_2\sin kx \tag{2.45}$$

これに対し，$\omega^2 < {\omega_0}^2$ の場合は，$\kappa^2 = ({\omega_0}^2 - \omega^2)m/(fa^2)$ と置くと，

$$\frac{d^2A(x)}{dx^2} = \kappa^2A(x) \tag{2.46}$$

となり，振動解が得られない．これに代わり，指数関数解が得られるのが特徴である．

$$A(x) = C_1e^{-\kappa x} + C_2e^{\kappa x} \tag{2.47}$$

第3章

弱くなったり強くなったり
——摩擦や外力の効果

前章までは，抵抗や摩擦のない理想的な場合を考察した．本章では，現実に近い状況を考えよう．これにより，強制振動や共鳴という現象が理解され，感受率などの基礎概念が理解されるであろう．これらは，物性論の理解にきわめて有用である．

3-1　減衰振動と強制振動

3-1-1　抵抗のある振動子

図3.1のように，バネにつながれたおもりが，復元力と抵抗力を同時に感じる場合を考えよう．運動方程式は次のようになる．

$$m\frac{dv}{dt} = -fx - \gamma v \tag{3.1}$$

ここで，抵抗は速さ v に比例するとし，その係数を γ と置いた．これを次の

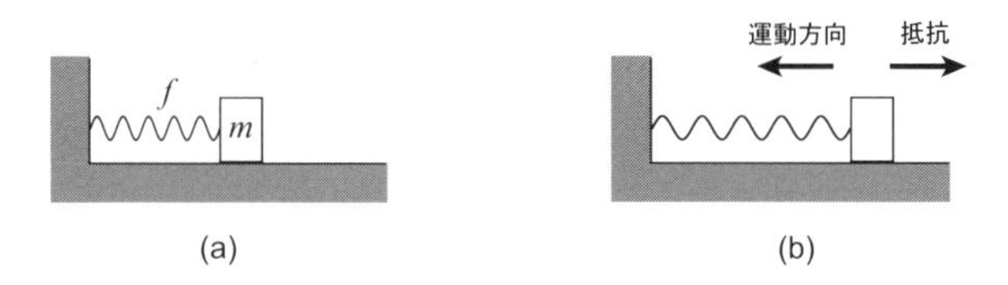

図 3.1　(a) バネにつながれたおもりの系．(b) おもりが床との間に摩擦を感じながら運動する．

ように書き替えよう．

$$\frac{dv}{dt} = -{\omega_0}^2 x - \frac{1}{\tau} v \tag{3.2}$$

ここで，$\omega_0 = \sqrt{\frac{f}{m}}$ は抵抗がない場合の単振動の振動数であり，$\tau\ (= \frac{m}{\gamma})$ は**減衰時定数**あるいは**緩和時間**と呼ばれる．τ が時間の次元を持つことは，左辺の次元と比べることにより理解される．方程式の解として次の形を仮定する．

$$x(t) = e^{pt} \tag{3.3}$$

これを運動方程式 (3.2) に代入すると，次式が得られる．

$$\left(p^2 + \frac{1}{\tau} p + {\omega_0}^2\right) e^{pt} = 0 \tag{3.4}$$

これが任意の時刻 t で成り立つためには

$$p^2 + \frac{1}{\tau} p + {\omega_0}^2 = 0 \tag{3.5}$$

でなければならない．これより，p の値が次のように求まる．

$$p = -\frac{1}{2\tau} \pm \sqrt{\frac{1}{4\tau^2} - {\omega_0}^2} \tag{3.6}$$

これを p_1 および p_2 と置くと，微分方程式 (3.1) の解は次のようになる．

$$x(t) = C_1 e^{p_1 t} + C_2 e^{p_2 t} \tag{3.7}$$

ここで，C_1 および C_2 は積分定数（未定定数）である．

式 (3.6) の右辺第 2 項からわかるように，p は実数にも複素数にもなりえる．まず，次の場合（抵抗力が弱い場合）から考えよう．

$$\frac{1}{2\tau} < \omega_0 \quad \text{あるいは} \quad \frac{\gamma}{2m} < \sqrt{\frac{f}{m}} \tag{3.8}$$

このとき，式 (3.6) 右辺第 2 項の根号内は負になるから，p は複素数になる．

$$p = -\frac{1}{2\tau} \pm i\Omega \qquad \left(\Omega = \sqrt{{\omega_0}^2 - \frac{1}{4\tau^2}}\right) \tag{3.9}$$

これを式 (3.7) に代入すると次のように計算される．

$$\begin{aligned} x(t) &= e^{-\frac{1}{2\tau}t}(C_1 e^{i\Omega t} + C_2 e^{-i\Omega t}) \\ &= e^{-\frac{1}{2\tau}t}\left[(C_1 + C_2)\cos\Omega t + i(C_1 - C_2)\sin\Omega t\right] \\ &= e^{-\frac{1}{2\tau}t}(A_1 \cos\Omega t + A_2 \sin\Omega t) \\ &= e^{-\frac{1}{2\tau}t} A\cos(\Omega t + \phi) \end{aligned} \tag{3.10}$$

ここで定数を C_1，C_2 から A_1，A_2 に変え，最後の式に移るときには公式 $A\cos(\Omega t + \phi) = A\cos\phi\cos\Omega t - A\sin\phi\sin\Omega t$ を用いた．式 (3.10) の振動は，**減衰振動**と呼ばれる（図 3.2(a) 参照）．

次に，式 (3.6) の右辺第 2 項の根号内が正になる場合（抵抗力が強い場合）を考える．すなわち，

$$\frac{1}{2\tau} > \omega_0 \quad \text{あるいは} \quad \frac{\gamma}{2m} > \sqrt{\frac{f}{m}} \tag{3.11}$$

の場合である．この時の解は次のようになる．

$$x(t) = C_1 e^{p_1 t} + C_2 e^{p_2 t} \tag{3.12}$$

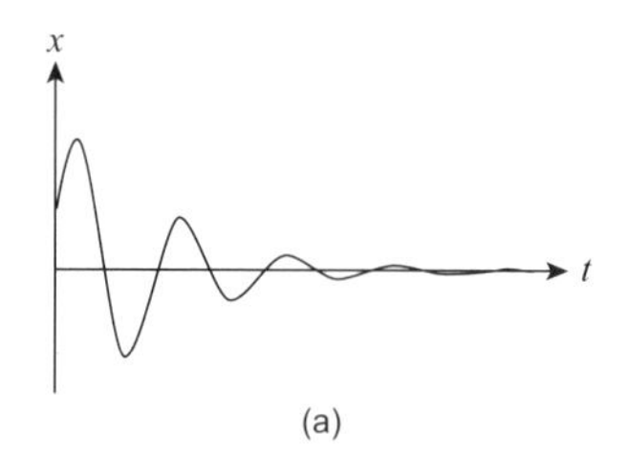

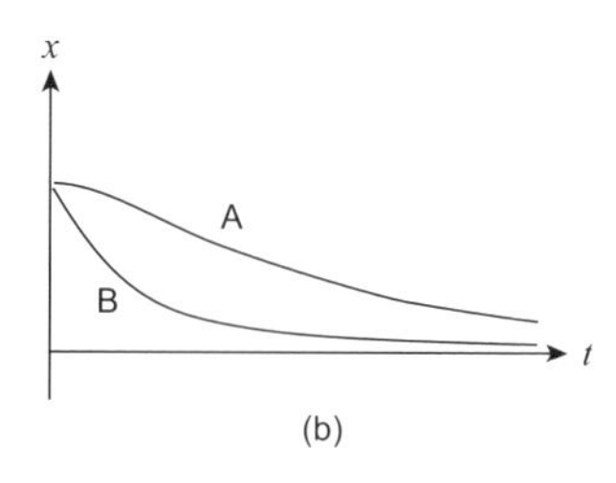

図 3.2　(a) は抵抗が小さい場合の減衰振動を表す．(b) 曲線 A は抵抗が強い場合の減衰振動（過減衰）を表し，曲線 B は臨界減衰を表す．

この場合は，図 3.2(b) の A に示したように，振動しないで単調に減衰し，**過減衰**と呼ばれる．

減衰振動と過減衰の境目は，式 (3.6) の右辺第 2 項の根号内がちょうどゼロになるときである．すなわち，式 (3.7) において $p_1 = p_2$ となり，p は重根となる．この重根を p_0 と置くと，$C_1 e^{p_0 t}$ だけでは一般解を作れない．そこで，$x = u(t)e^{p_0 t}$ と置いて微分方程式に代入すると，関数 $u(t)$ が次の関係式を満たせばよいことがわかる．

$$\frac{d^2u(t)}{dt^2} = 0 \tag{3.13}$$

これより，$u(t) = \alpha t + \beta$ と求まるから，一般解は次のようになる．

$$x(t) = (\alpha t + \beta)e^{p_0 t} \tag{3.14}$$

この場合は，**臨界制動**（**臨界減衰**）と呼ばれ，振動が早く収まる（図 3.2(b) の B 参照）.[1)]

図 3.2 のように，減衰が生じるとエネルギーは時間とともに減少する．減ったエネルギーは，抵抗を通して熱となって外部に逃げていく．これを**エネルギーの散逸**と呼ぶ．

《発展 1》 コンデンサ（静電容量 C），コイル（インダクタンス L）および抵抗（R）を直列につないだ回路を考えよう．回路に流れる電流を I，コンデンサに蓄えられる電荷を Q とするとき，回路に対する微分方程式は次のようになる．

$$L\frac{dI}{dt} + RI + \frac{Q}{C} = 0 \tag{3.15}$$

両辺を時間 t で微分し，$dQ/dt = I$ を用いると，

$$L\frac{d^2I}{dt^2} + R\frac{dI}{dt} + \frac{I}{C} = 0 \tag{3.16}$$

となる．これは微分方程式 (3.1) とまったく同じ形をしている．($m \leftrightarrow L, \gamma \leftrightarrow R, f \leftrightarrow \frac{1}{C}$ と対応付ければよい.) したがって，解は次のようになる．すなわち，抵抗が比較的小

1) この性質から，臨界制動は自動車のサスペンションなどに使われる．

さい場合（$4L/C > R^2$）は電流は減衰振動を示し，抵抗が大きい場合（$4L/C < R^2$）は振動せず減衰する．ここで，固有振動数 ω_0 は次式で与えられる．

$$\omega_0 = \frac{1}{\sqrt{LC}} \tag{3.17}$$

3-1-2　強制振動

ブランコを揺さぶって振幅を大きくすることは，強制振動の典型例である．それを式で表せば次のようになる（式 (3.1) 参照）．

$$m\frac{dv}{dt} = -fx - \gamma v + F(t) \tag{3.18}$$

ここで，$F(t)$ は時間に依存する外力である．式 (3.2) と同じように，次のように書き換える．

$$\frac{dv}{dt} = -{\omega_0}^2 x - \frac{1}{\tau}v + G(t) \tag{3.19}$$

ここで，$G(t) = F(t)/m$ と置いた．このように，$x(t)$ と無関係な項 $G(t)$ を含む微分方程式は非斉次微分方程式と呼ばれる．それを解くには次のようにすればよい．まず，どんな方法でもよいから，1つの解を探し出す．このような解は特解と呼ばれる．次に，$G(t) = 0$ と置いた斉次微分方程式の一般解を求める.（一般解は，今の場合，前項で既に求められていることに注意されたい.）最後に，式 (3.19) の一般解は，特解と一般解を重ね合わせることにより得られる．

この手法を用い，外力が $G(t) = G_0 \cos\omega t$（G_0 は定数）で与えられる場合の非斉次微分方程式を解いてみよう．

$$\frac{dv}{dt} + {\omega_0}^2 x + \frac{1}{\tau}v = G_0 \cos\omega t \tag{3.20}$$

このタイプの方程式を解くための常套手段として，次のように書き換える．[2)]

$$\frac{dv}{dt} + {\omega_0}^2 x + \frac{1}{\tau} v = G_0 e^{i\omega t} \tag{3.21}$$

式 (3.20) と (3.21) が等価であることは，式 (3.21) の右辺に対しオイラーの公式 $e^{i\theta} = \cos\theta + i \sin\theta$ を適用し，その実部を取ることにより確かめられるであろう．(以後,「計算の最後には実部を取る」と約束する.) 外力が振動数 ω で振動するので，座標 $x(t)$ も同じ振動数で振動すると仮定しよう．

$$x(t) = Ce^{i\omega t} \tag{3.22}$$

ここで，C は定数である．式 (3.22) を微分方程式 (3.21) に代入すると次式が得られる．

$$\left((i\omega)^2 + {\omega_0}^2 + \frac{1}{\tau}(i\omega) \right) Ce^{i\omega t} = G_0 e^{i\omega t} \tag{3.23}$$

任意の時間 t に対して成り立つためには，次式が成り立たねばならない．

$$\left(-\omega^2 + {\omega_0}^2 + \frac{i\omega}{\tau} \right) C = G_0 \tag{3.24}$$

これより，定数 C が次のように求まる．

$$C = \frac{G_0}{-\omega^2 + {\omega_0}^2 + i\frac{\omega}{\tau}} = \frac{G_0(-\omega^2 + {\omega_0}^2 - i\frac{\omega}{\tau})}{(\omega^2 - {\omega_0}^2)^2 + (\frac{\omega}{\tau})^2} \tag{3.25}$$

したがって，特解 $x(t)$ は次のようになる．

$$x(t) = \frac{G_0(-\omega^2 + {\omega_0}^2 - i\frac{\omega}{\tau})}{(\omega^2 - {\omega_0}^2)^2 + (\frac{\omega}{\tau})^2} e^{i\omega t} \tag{3.26}$$

「計算の最後に実部を取る」という約束に従い，式 (3.26) の実部を取ると次のようになる．

[2)] 正弦関数や余弦関数は 2 回微分しないと元の形に戻らないが，指数関数は何度微分しても同じ形になる．この性質により，指数関数にすることで，計算が簡単になる．

$$x(t) = \frac{G_0(-\omega^2 + {\omega_0}^2)}{(\omega^2 - {\omega_0}^2)^2 + (\frac{\omega}{\tau})^2} \cos \omega t + \frac{G_0 \frac{\omega}{\tau}}{(\omega^2 - {\omega_0}^2)^2 + (\frac{\omega}{\tau})^2} \sin \omega t \tag{3.27}$$

式 (3.27) の右辺第 1 項は係数 C の実部に由来し，第 2 項は虚部に由来する．前者を**弾性振幅**（あるいは分散的振幅），後者を**吸収振幅**と呼ぶ．

非斉次方程式 (3.20) の一般解は，ここで求めた特解に，前項で求めた斉次方程式の一般解を加えればよい．斉次方程式の一般解は時間の経過とともに減衰するので，長時間経過後に残るのは上で求めた特解だけである．実際，バネや振り子に対して周期的な外力を加えると，初めのうちは複雑な運動をしているが，やがては定常的な運動に落ち着く．この状態が，式 (3.27) で記述される特解の状態である．

3-1-3　共鳴

十分時間が経過すると，前項で求めた特解の状態だけが残る．本項では，特解の状態を考える．

外力は，式 (3.20) に示したように，$G_0 \cos \omega t$ である．これを式 (3.27) と比べると，弾性振幅は外力と同じ位相を持つ．これに対し，吸収振幅は，

$$\sin \omega t = \cos\left(\omega t - \frac{\pi}{2}\right) \tag{3.28}$$

と書かれることからわかるように，外力に比べ位相が $\pi/2$ 遅れている．この位相の遅れが生じるのは，抵抗が存在するためである．実際，式 (3.20) において $\frac{1}{\tau} \to 0$ と置くと，

$$x(t) = \frac{G_0}{{\omega_0}^2 - \omega^2} \cos \omega t \tag{3.29}$$

となり，同位相の成分だけが残る．言い方を変えれば，エネルギーの散逸が存在する場合には，位相が $\frac{\pi}{2}$ 遅れた成分が現われる．これは極めて重要である．

式 (3.29) からわかるように，抵抗がない場合，系の固有振動数 ω_0 と同じ振動数の外力で揺さぶると，振幅は無限に大きくなる．これは**共鳴**と呼ばれる現象である．ブランコを揺さぶっても振幅が無限に大きくならないのは，もちろん，抵抗が存在するためである．

もう少し具体的に計算してみよう．次のような三角関数の変形を考える．

$$\begin{aligned} &A\cos\omega t + B\sin\omega t \\ &= \sqrt{A^2+B^2}\left(\frac{A}{\sqrt{A^2+B^2}}\cos\omega t + \frac{B}{\sqrt{A^2+B^2}}\sin\omega t\right) \\ &= \sqrt{A^2+B^2}\cos(\omega t+\phi) \end{aligned} \tag{3.30}$$

ここで，ϕ は次式で定義される．

$$\tan\phi = -\frac{B}{A} \tag{3.31}$$

この変形を式 (3.27) に適用し，振幅 $\sqrt{A^2+B^2}$ に対応する量を求めると次のようになる．

$$\text{振幅} = \sqrt{A^2+B^2} = \frac{G_0}{\sqrt{({\omega_0}^2-\omega^2)^2+(\frac{\omega}{\tau})^2}} \tag{3.32}$$

次の式によって**感受率** $\chi(\omega)$ を定義しよう．

$$\chi(\omega) = \frac{\text{振幅}}{\text{外力}} \tag{3.33}$$

今の場合，外力は G_0 であるから，次式が得られる．

$$\chi(\omega) = \frac{1}{\sqrt{({\omega_0}^2-\omega^2)^2+(\frac{\omega}{\tau})^2}} \tag{3.34}$$

感受率は，その定義式 (3.33) からわかるように，外力を加えたときにどれだけ変位するか（応答するか）を与える．変位（応答）しやすければしやすい

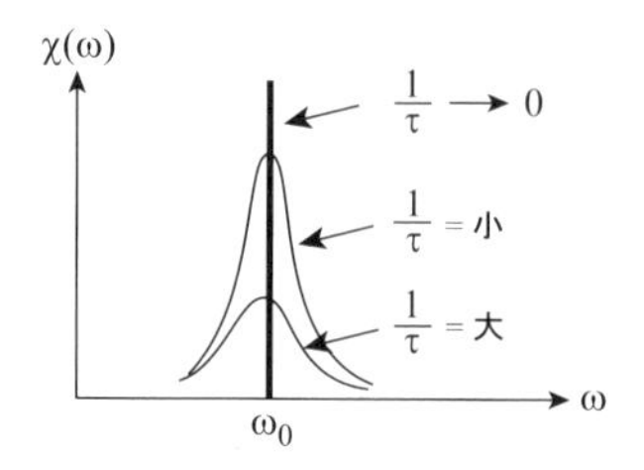

図 3.3 感受率の振動数依存性の概略図．緩和時間 τ が長くなればなるほど（抵抗が小さくなればなるほど），ピーク幅は狭くなる．

ほど，感受率は大きくなる．

式 (3.34) を図 3.3 に示す．抵抗が小さい時には（$\frac{1}{\tau} \to 0$），感受率は ω_0 に鋭いピーク構造を作る．これは，式 (3.29) に対応する共鳴が起こったことを意味する．抵抗が大きくなるにつれピーク幅は広くなるが，ω_0 近傍にピークを作ることは同じである．この図からわかるように，系の固有振動数に近い振動数で揺さぶったときのみ共鳴は起こる．

【補足 1】 式 (3.34) において，大きさが最大となるのは，分母（**共鳴分母**と呼ばれる）の根号の中の量 D が最小の場合である．

$$D = \left({\omega_0}^2 - \omega^2\right)^2 + \left(\frac{\omega}{\tau}\right)^2 \tag{3.35}$$

D が最小となる ω は次のように求まる．

$$\omega = \sqrt{{\omega_0}^2 - \frac{1}{2\tau^2}} \tag{3.36}$$

抵抗が非常に大きくない限り，共鳴周波数は抵抗のない場合の固有振動数 ω_0 に近い．

《発展 2》 式 (3.27) を次のように書き直す．

$$\frac{x(t)}{G_0} = \frac{(-\omega^2 + {\omega_0}^2)}{(\omega^2 - {\omega_0}^2)^2 + (\frac{\omega}{\tau})^2} \cos \omega t + \frac{\frac{\omega}{\tau}}{(\omega^2 - {\omega_0}^2)^2 + (\frac{\omega}{\tau})^2} \sin \omega t \tag{3.37}$$

これは，感受率を与える式であり，実数である．このことは，感受率が実測値であることを考えれば，当然である．一方，位相の遅れを表すのには複素数で表すのが便利である．そこで，感受率を次のように複素数（これを**複素感受率**と呼ぼう）で表現する．

$$\chi(\omega) = \frac{-\omega^2 + {\omega_0}^2}{(\omega^2 - {\omega_0}^2)^2 + (\frac{\omega}{\tau})^2} - i \frac{\frac{\omega}{\tau}}{(\omega^2 - {\omega_0}^2)^2 + (\frac{\omega}{\tau})^2} \tag{3.38}$$

すなわち，外力と同じ位相成分を実部とし，$\pi/2$ だけ位相が遅れる成分を虚部とした．複素感受率を通常の複素数と同じように考えれば，その振幅は式 (3.34) で与えられる．あるいは，

$$\chi(\omega) = |\chi(\omega)|e^{i\phi} \tag{3.39}$$

と書いたとき,「式 (3.34) は複素感受率 $\chi(\omega)$ の振幅 $|\chi(\omega)|$ である」とも表現される．

では，複素感受率 $\chi(\omega)$ の虚部（式 (3.38) の虚部，あるいは式 (3.39) の $|\chi(\omega)|\sin\phi$）はどのような意味を持つのであろうか．ここでは計算をしないが，単位時間あたりの仕事 $P(\omega)$ を計算すると，次式のようになる．

$$P(\omega) = \frac{1}{2}m\omega G_0 \mathrm{Im}\chi(\omega) \tag{3.40}$$

ここで，$\mathrm{Im}\chi(\omega)$ は $\chi(\omega)$ の虚部をとることを意味する．すなわち，外力に対して位相が $\pi/2$ だけずれた成分がエネルギーの吸収を与える．

$P(\omega)$ を図示すると，図 3.3 と同じように，$\omega = \omega_0$ の付近に大きなピークが現われる．これは，外力の振動数 ω が系の固有振動数 ω_0 に近づくと，吸収されるエネルギーが急激に増えることを意味する．すなわち，共鳴が起こっているとき，系には非常に大きなエネルギーが吸収される．このエネルギーは，最後には，抵抗によって熱となって外部に逃げて行ってしまう（散逸する）．また，共鳴ピークの幅は $\frac{1}{\tau}$ に比例することも計算するとわかる．これより，抵抗が小さくなればなるほど（$\frac{1}{\tau} \to 0$），ピーク幅は狭くなる．

3-1-4　自由度が 2 の系の共鳴

図 3.4 の系を考えよう．これは，図 1.3 の 2 つの質点（おもり）に抵抗が加わり，さらに質点 2 に外力 $F(t) = F_0 \cos\omega t$ がかかった場合に対応する．このときの運動方程式は次式で与えられる．

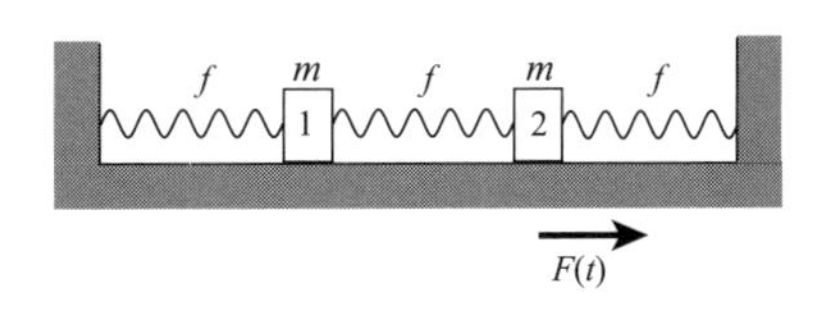

図 **3.4**　自由度が 2 の系．条件がそろうと共鳴が生じる．

$$m\frac{d^2u_1}{dt^2} = -2fu_1 + fu_2 - \gamma\frac{du_1}{dt}, \tag{3.41}$$

$$m\frac{d^2u_2}{dt^2} = fu_1 - 2fu_2 - \gamma\frac{du_2}{dt} + F_0\cos\omega t \tag{3.42}$$

ここで，抵抗は2つの質点で同じと仮定した．基準座標を次のように定義する．

$$q_1 = \frac{u_1 + u_2}{2},\ q_2 = \frac{u_1 - u_2}{2} \tag{3.43}$$

これを用いると，運動方程式(3.41)および(3.42)は次のようになる．

$$m\frac{d^2q_1}{dt^2} = -fq_1 - \gamma\frac{dq_1}{dt} + \frac{1}{2}F_0\cos\omega t, \tag{3.44}$$

$$m\frac{d^2q_2}{dt^2} = -3fq_2 - \gamma\frac{dq_2}{dt} - \frac{1}{2}F_0\cos\omega t \tag{3.45}$$

これは，式(3.18)と同じである．すなわち，モードに分けて考えれば，各モードの強制振動は自由度が1の場合の強制振動とまったく同じである．すると，前項の議論がそのまま成り立ち，各モードは，それ特有の緩和時間τをもって減衰し，それ自身の**共鳴振動数**ω_1およびω_2のところで共鳴を起こす．簡単のため，抵抗は小さいとして無視すると，式(3.29)は次のようになる．

$$q_1(t) = \frac{\frac{1}{2}F_0}{{\omega_1}^2 - \omega^2}\cos\omega t, \quad \text{モード 1} \tag{3.46}$$

$$q_2(t) = \frac{-\frac{1}{2}F_0}{{\omega_2}^2 - \omega^2}\cos\omega t, \quad \text{モード 2} \tag{3.47}$$

もともとの座標u_1およびu_2に戻し，それらの比をとると次のようになる．

$$\frac{u_1(t)}{u_2(t)} = \frac{{\omega_2}^2 - {\omega_1}^2}{{\omega_2}^2 + {\omega_1}^2 - 2\omega^2} \tag{3.48}$$

外力の振動数ωがω_1やω_2より十分大きい場合，式(3.48)はゼロに近づく．これは，外力の駆動源に結びつけられた質点2は振動についていけるが，駆動源から離れた質点1は振動についていけないことを意味する．

3-2　多自由度系：減衰のある場合

（バネでつながれた）N 個の質点系に抵抗を導入しよう．ここでは簡単のため，すべての質点に同じ抵抗 γ が働くとする．すると，モードに分解すれば，N 個の共鳴振動数が現われる．この共鳴振動数は，抵抗のない場合の固有振動数とほとんど同じである（3-1-3 項を参照）．したがって，この系の端にある質点（図 3.5(a) の陰影を付けた丸印）を強制的に揺すった場合，その振動数が共鳴振動数に近ければ（すなわち分散曲線の上限と下限の振動数の領域内にあれば），共鳴が生じる．これに対し，3-1-4 項で学んだように，その振動数が分散曲線の上限の振動数より大きい場合は，駆動力源に近い質点は外力に追随するが，駆動源から離れた質点の変位は小さくなる．

バネでつながれた質点系に対する分散曲線の最小振動数はゼロであるから，それより小さい振動数を考えることはできない．そこで，結合振り子を考える．このときは，分散曲線に下端が存在し（図 2.6 参照），その振動数は $\sqrt{\frac{g}{l}}$ である（式 (2.23) を参照）．この最小振動数より小さな振動数で揺さぶったときはどうなるであろうか．（最小振動数を与える）$k = 0$ のモードにおいては隣り合う質点は互いに同位相で動くはずである．このモードに対して，$\omega = 0$ の力，すなわち静的な力を加えたとしよう．すると，駆動源に近い質点は大きく動くが，駆動源から離れるに従い，質点は抵抗を感じるため，あまり動

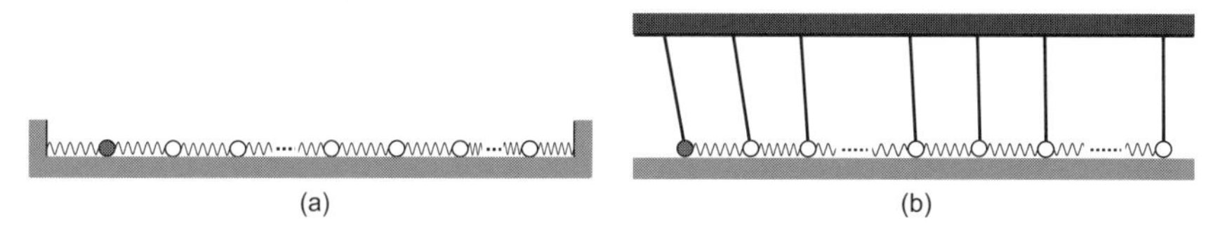

図 3.5　(a) バネでつながれた N 個の質点系．(b) N 個の質点からなる結合振り子の系．(a) および (b) のいずれの系においても質点（おもり）は抵抗を感じる．

かなくなるであろう（図 3.5(b) 参照）．これより，分散曲線の下端の振動数より小さい振動数で揺さぶった場合も，振動は遠くまで達しないことがわかる.[3)]

3-3　物性論への展開

ヘリウム原子のような中性原子を考える．電磁気学で学んだように，電場がない時は，電子の重心の位置は原点，すなわち原子核のところにあるから，中性原子は電荷だけでなく電気双極子をも持たない（図 3.6(a) 参照）．これに電場 E をかけると，重い原子核はほとんど動かないが，軽い電子は電場と逆方向に力を受け，図 3.6(b) のように変位し，その結果，大きさが $p = \chi_e E$ の電気双極子モーメント $\boldsymbol{p}$ が誘起される．ここで，χ_e は**分極率**である．このような原子からなる固体（誘電体）に対して電場をかけた場合にも，同様の分極（**誘電分極**）が起こる．電場をかけたときの電子の変位 x に対する運動方程式は,（原子においても）ずれた電荷分布をもとに戻そうとする復元力が働くであろうから，式 (3.20) において，外力 G を電場で置き換えたものになると期待される．そうであれば，運動方程式の解は（解くまでもなく）既に得られている．つまり，振動電場の振動数が固有振動数 ω_0 に近い時，電場のエ

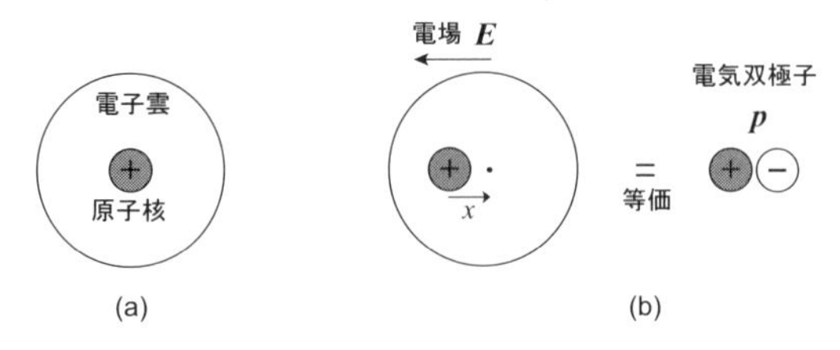

図 3.6　電気双極子と誘電分極．(a) 電場がゼロの状態．(b) 電場がかけられた状態．

[3)] 第 2 章の発展 1 も参照されたい．

ネルギーが吸収されるであろう（図 3.3 参照）.[4]

前節で学んだ感受率は，物性論でも重要な役割を果たす．感受率の例として典型的なものは，**電気伝導度** σ や**磁化率** χ である．これらは，加える力（電場 $\boldsymbol{E}$ や磁場 $\boldsymbol{H}$ など）と，それに対する応答（力を加えた結果出現する電流 $\boldsymbol{j}$ や磁化 $\boldsymbol{M}$ など）との間に成り立つ次の関係式によって定義されている．

$$\boldsymbol{j} = \sigma \boldsymbol{E}, \quad \boldsymbol{M} = \chi \boldsymbol{H} \tag{3.49}$$

たとえば，超伝導体の電気伝導度はある温度以下で無限大になり，磁石の磁化率はある温度で無限に大きくなる（第 11 章参照）．あるいは，誘電分極に付随した共鳴現象を起こす物質も存在する．このような実験を通し，私たちは原子・分子や電子について感受率や固有振動数 ω_0 などの情報を得ることができる．

力学系と誘電分極の例で見たように，運動方程式が同じなら，その解（したがって物理）も同じである．これが本書で力学の復習から始めた理由である．

[4] 水分子においては，正電荷の重心と負電荷の重心が異なっているため，電場がなくても電気双極子（**永久双極子**と呼ばれる）を持っている．この水分子を含んだ物質（たとえば食物）に高周波電場をかけたとすると，電場を追いかけて水分子が回転しようとする．このとき，周囲との間に“摩擦”が生じ，加熱される．結局，電場のエネルギーが熱エネルギーに変わったことになる（**誘電損失**）．これが電子レンジの原理である．

第 4 章

1 次元を進む波
——進行波と格子振動

前章では抵抗や摩擦のある場合を学んだ．本章では，議論を簡単にするため，抵抗・摩擦の効果を無視する．この単純化された系において，物性論の基礎となる進行波やブリルアン・ゾーンなどを学習する．

4-1　進行波

4-1-1　定在波と進行波

第 2 章では，図 4.1(a) に示したような定在波（定常波）について考えた．そこでは，番号 n の質点の変位は次のように書かれた．

$$u_n(t) = A\sin(nka)\cos(\omega t + \phi) \tag{4.1}$$

ここで，k は波数，ω は固有振動数，a は（平衡状態における）バネの長さであった．質点の集合ではなく弦のような連続体の場合は，番号 n の代わりに

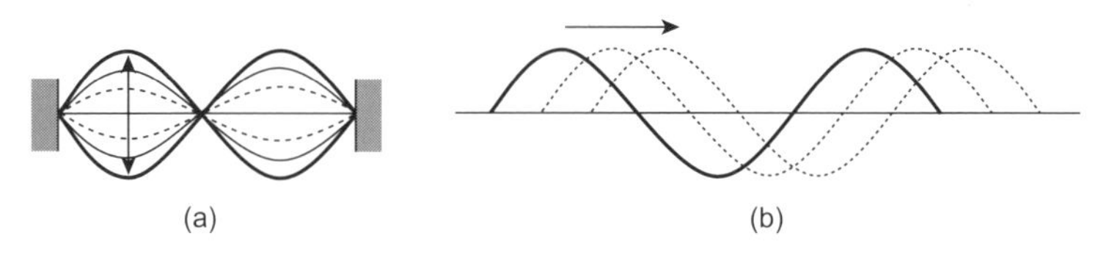

図 **4.1**　定在波 (a) と進行波 (b).

座標 x を用いて次のように表現される．

$$u(x,t) = A\sin kx\cos(\omega t + \phi) \tag{4.2}$$

第 2 章では（固定端を持つ定在波に対する）モードの形との対応を考え，式 (4.2) のように $\sin kx$ と置いたが，ここでは次のように $\cos kx$ と置こう．

$$u(x,t) = A\cos kx\cos(\omega t + \phi) \tag{4.3}$$

一方，経験的に，私たちは進行波の存在を知っている．池に小石を投じたとき波紋が拡がり，それは水面に浮いた木の葉を揺れ動かす（エネルギーを伝達する）ことができる．地震や津波も進行波である．これを式で表せば，次項で示すように，次のように書かれる．

$$u(x,t) = A\cos(kx - \omega t + \phi) \tag{4.4}$$

ここで，定在波と進行波では式の形が異なることに注意しよう．定在波においては座標 x と時間 t が，式 (4.3) におけるように，別々の三角関数の中に入っているのに対し，進行波においては，式 (4.4) におけるように，同じ 1 つの三角関数の中に入っている．

定在波は閉じた系の中で生じる現象である．ここで閉じた系とは，有限個の質点からなる系や有限の長さを持つ弦のように，(1 次元の場合であれば) 両端に境界がある系のことである．これに対し，進行波は開いた系に生じる．開いた系とは，(1 次元の場合であれば) 少なくとも 1 端は閉じられていない系のことである．トランペットを吹く例を考えれば，(通常の) 密閉された部屋が閉じた系に対応し，野原で吹く場合が開いた系に対応する．

【補足 1】 波動関数を次のように複素関数で表してみよう．

$$u(x,t) = Ae^{i(kx - \omega t + \phi)} \tag{4.5}$$

これにオイラーの公式 $e^{i\theta} = \cos\theta + i\sin\theta$ を適用すると，次式が得られる．

$$u(x,t) = A\left[\cos(kx - \omega t + \phi) + i\sin(kx - \omega t + \phi)\right] \tag{4.6}$$

ここで実部をとったものが式 (4.4) である．したがって，この波動関数は x 軸の正方向に進む進行波を表している．前述のように，複素関数の波動関数 $u(x,t)$ を用いる場合は，計算の最後に実部（あるいは虚部）をとる．

x 軸の正方向に進んだ波が境界から反射された結果，x 軸の負の方向に進む波が現われる．元々の波と，反射された波が重なり合うと考えると，その合成された波は次のように表される.[1]（以下の計算では簡単化のため $\phi = 0$ と置く.）

$$u(x,t) = Ae^{i(kx-\omega t)} + Ae^{i(kx+\omega t)} \tag{4.7}$$

オイラーの公式と三角関数の公式を使えば次のように書き換えられる．

$$u(x,t) = 2A\left(\cos\omega t\cos kx + i\sin\omega t\cos kx\right) \tag{4.8}$$

（上で約束したように）式 (4.8) の実部を取ると，定在波の式 (4.3) と等価な結果が得られる．このように，定在波は，右向きの進行波と左向きの進行波を重ね合わせたものとして理解される．この考え方は，エネルギー・ギャップの生成（第 9 章）のところで再び現れる．

4-1-2　位相速度

原点 $x = 0$ から無限遠まで伸びた（均一な）弦を考える．$x = 0$ で弦をゆすって，次のような変位を作り出したとする．

$$u(0,t) = A\cos\omega t \tag{4.9}$$

この振動は，次々と隣の部分に伝わっていくであろう．その伝わる速度（**位相速度**と呼ばれる）の大きさを v_ϕ と書こう．ある時刻 t' における波の形（時刻を固定した時の変位の x 依存性）が図 4.2(a) のようであったとしよう．そ

---

[1] ここでの式は自由端での反射の場合に対応する．固定端の場合は，式 (4.7) の右辺の第 2 項の係数が $-A$ となる．

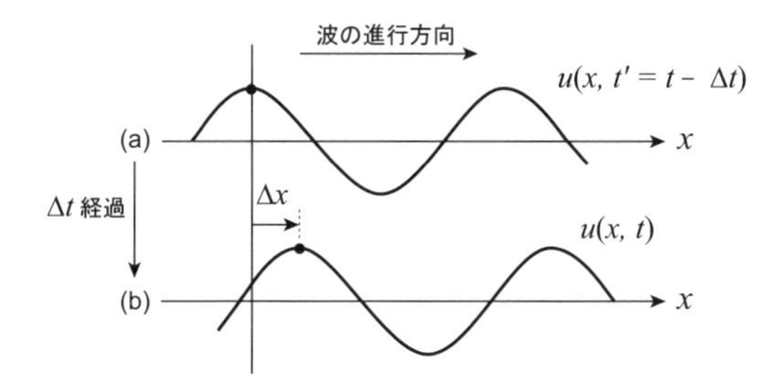

図 **4.2**　進行波の位相速度．時間の経過に伴い (a)→(b) と移る．

れから時間 Δt だけ経った時刻 $t = t' + \Delta t$ における波の形は，図 4.2(b) に示したように，$\Delta x = v_\phi \Delta t$ だけ右に（進行方向に）シフトしている．言い換えれば，点 x における運動（変位 u の時間変化）は，Δt だけ前の時刻の $x = 0$ における運動（式 (4.9)）に等しい．これを式で表せば次のようになる．

$$u(x,t) = A\cos\omega(t - \Delta t) = A\cos\left(\omega t - \frac{\omega x}{v_\phi}\right) \tag{4.10}$$

一方，波の速度（の大きさ）v_ϕ，波長 λ，振動数 ν には次の関係が成り立つ．

$$v_\phi = \lambda\nu = \frac{\omega}{k},\quad ただし\ \omega = 2\pi\nu,\ k = \frac{2\pi}{\lambda} \tag{4.11}$$

これらより，式 (4.10) は次のように書き換えられる．

$$u(x,t) = A\cos(\omega t - kx) \tag{4.12}$$

これはまた，次のようにも表される．

$$u(x,t) = A\cos 2\pi\left(\frac{t}{T} - \frac{x}{\lambda}\right) \tag{4.13}$$

ここで，T は周期である．物性論では，周期の代わりに振動数 ω（$= 2\pi/T$），波長の代わりに波数 k（$= 2\pi/\lambda$）を用いた式 (4.12) を議論することが多い．

4-1-3　進行波の分散関係

バネでつながれた質点系を考えよう（図 4.3 参照）．ただし，第 2 章の定在波とは異なり，波の進む右方向には端がなく，無限に続くとする．左端の質点が運動するとき，その運動は右へ右へと伝わる．このときの運動方程式は，定在波の場合とまったく同じである．

$$m\frac{d^2u_n}{dt^2} = -f(2u_n - u_{n-1} - u_{n+1}) \tag{4.14}$$

この微分方程式を解くために，u_n に対し，次の進行波の形を仮定する．

$$u_n = A\cos(nka - \omega t + \phi) \tag{4.15}$$

計算を簡単にするため，以下では $\phi = 0$ とする．

$$u_n = A\cos(nka - \omega t) \tag{4.16}$$

式 (4.16) を微分方程式 (4.14) に代入することにより次式が得られる．

$$m\omega^2 u_n = fA\left[2\cos(nka - \omega t) - \cos\left((n-1)ka - \omega t\right) - \cos\left((n+1)ka - \omega t\right)\right] \tag{4.17}$$

右辺は次のように変形される．

$$\begin{aligned} m\omega^2 u_n &= 2fA\cos(nka - \omega t)(1 - \cos ka) \\ &= 2fu_n(1 - \cos ka) \\ &= 4fu_n \sin^2\frac{ka}{2} \end{aligned} \tag{4.18}$$

図 **4.3**　N 個の質点系．一端は開放されている（自由端）．

ここで次式を用いた．

$$\cos((n \pm 1)ka - \omega t) = \cos(nka - \omega t)\cos ka \mp \sin(nka - \omega t)\sin ka \qquad (4.19)$$

したがって，次の関係

$$m\omega^2 = 4f\sin^2\frac{ka}{2} \qquad (4.20)$$

が満たされれば，仮定した解 (4.16) は，微分方程式 (4.14) の解となる．この分散関係は，第 2 章で得られた式 (2.12) と同じである．この例からわかるように，進行波の分散関係は定在波の分散関係と同じである．

4-2　格子振動

4-2-1　1 次元の格子波：周期的境界条件

私たちの声は，空気中を波（音波）として伝搬する．同様の波は固体中にも存在し，**弾性波**とも呼ばれる．一方，固体結晶中の原子は規則正しく並んでいる．固体の一端を叩けば原子が振動し，その振動は隣接する原子を振動させ，波として伝搬していく（第 2 章補足 3 参照）．この原子振動は**格子振動**と呼ばれ，その結果として固体中を伝わる波は**格子波**と呼ばれる．弾性波と格子波はいずれも結晶格子中を伝わる波のことであるが，前者は連続体という考え方を根底に据えているのに対し，後者は原子の集合体という考え方に立脚している．以下では，後者の立場に立って議論していこう．

固体結晶を簡単化したモデルが（今まで何度も考えてきた）バネでつながれた質点系である．ここでもまた，バネでつながれた N 個の質点系を考えよう．1 次元に並んだ質点は左から $1, 2, 3, \cdots, N$ と番号づけられ，（平衡状態

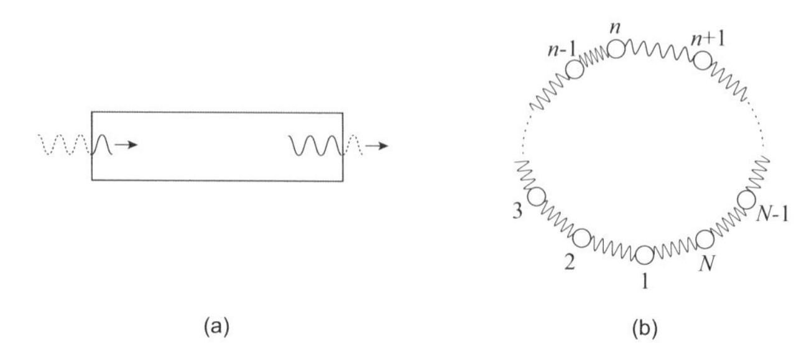

図 4.4　周期的境界条件．(a) 1 次元の "箱" の中を進む波．(b) バネの系．

の）バネの長さを a とする．第 2 章では両端が固定された条件での波である定在波を扱い，前節では（一方の端がない場合の）進行波を考えた．固体の中を伝わる格子波を考える上では，定在波と進行波のいずれが適当であろうか．固体には両端が存在するという意味では定在波の扱いが妥当と思われるが，"伝わる" という側面を記述することが難しい．境界が存在し，なおかつ進行する波という性質を持たせるために，本節では**周期的境界条件**と呼ばれるものを導入する．これは，直観的に言えば，1 次元の "箱" の中を進む波が右端から出て左端から戻るというようなものである（図 4.4(a) 参照）．

進行波の形を仮定すると，左端（$n=1$）の質点の変位は，

$$u_1 = A\cos(ka - \omega t) \tag{4.21}$$

となる．右端（$n=N$）の質点と 1 番目の質点をバネでつなぐと考えると（図 4.4(b) 参照），$N+1$ 番目の質点は 1 番目の質点と同じになる．1 番目と $N+1$ 番目の質点が同じ変位をすると考え，これを数式で表すと次のようになる．

$$u_{N+1} = A\cos(Nka + ka - \omega t) \tag{4.22}$$

$$= u_1 = A\cos(ka - \omega t) \tag{4.23}$$

これが成り立つためには $Nka = 2p\pi$ (p は整数) でなければならない．すなわ

ち，k は勝手な値とはなれず，次のようなとびとびの値のみが許される．

$$k = \frac{2\pi}{L} p \quad (p\ \text{は整数}) \tag{4.24}$$

ここで，$L(= Na)$ は 1 次元固体の長さである．

n 番目の質点の座標を $x = na$ と置くと，格子波は次のように書き表される．

$$u(x) = A\cos(kx - \omega t) \tag{4.25}$$

場所 $x + L$ における変位は次のように表される．

$$u(x + L) = A\cos(kx + kL - \omega t) = A\cos(kx - \omega t) = u(x) \tag{4.26}$$

ここで，式 (4.24) を用いた．式 (4.26) は，関数 $u(x)$ が周期 L の周期関数であることを示す．これが周期的境界条件と呼ばれる所以である．

4-2-2　格子波の振動様式：モード

第 2 章では，定在波のモードについて学んだ．N 個の質点系の場合，最もエネルギーの低い状態は平衡状態であり，そこではバネは伸び縮みしておらず，励起エネルギーはゼロであった．最もエネルギーの高いモードでは，隣り合う質点は逆位相（逆方向の変位）であった．では，進行波としての格子波の場合はどうであろうか．

本項では，練習のため，複素関数 (4.5) を用いて計算しよう．ただし，簡単のため初期位相を $\phi = 0$ とする．

$$u_n(t) = Ae^{i(kx - \omega t)} \tag{4.27}$$

波数 $k = 0$（すなわち波長が無限大の場合）においては上式に $k = 0$ を代入し，次を得る．

$$u_n = Ae^{-i\omega t} \tag{4.28}$$

式 (4.28) は原子の番号（すなわち座標）を含まないことに注意しよう．これは，すべての質点が同じ量だけ変位し，すべてのバネが伸び縮みしていない（すなわち励起エネルギーがゼロである）ことを意味する．これは，定在波の場合と同じである．

次に，$x = na$ と置き，隣り合う質点の変位の比を考えると，次のようになる．

$$\frac{u_{n+1}(t)}{u_n(t)} = \frac{Ae^{i(k(n+1)a-\omega t)}}{Ae^{i(kna-\omega t)}} = e^{ika} \tag{4.29}$$

たとえば，式 (2.14) における k の最大値 $k = \frac{N\pi}{L}$ に対しては

$$\frac{u_{n+1}(t)}{u_n(t)} = e^{i\frac{N\pi}{L}a} = e^{i\pi} = -1 \tag{4.30}$$

となり，隣り合う点の運動は逆位相となる．これもまた，（第 2 章で学んだ）定在波のときと同じである．

他の波数に対して考えても，定在波と進行波の振動様式は同じである．そこで，進行波に対しても，それぞれの波数に対応する振動様式（波の形）をやはりモードと呼ぼう．

4-2-3　格子波で許される波数の領域：ブリルアン・ゾーン

定在波解では，式 (2.14) における k は正の値をとり，N 個の値が許された．これは，「モードの数は自由度の数に等しい」ことから期待されることである．では，式 (4.16) において（右・左向きの進行方向に対応する）正負の値が許される k を持つ進行波解ではどうであろうか．進行波においても元々の自由度は N であるから，モードの数も N に等しいはずである．

式 (4.16) は，波数 k，振動数 ω で x 軸の方向に（質点の並んでいる方向に）進む進行波を表す．これは，ある質点が変位したとき，この変位がバネで結ばれた隣の質点に伝わり，それがまた隣の質点に伝わることを示す．$k>0$ であれば右方向（x 軸の正方向），$k<0$ であれば左方向（x 軸の負方向）に進む．まず，$k=0$ の進行波は（前項で論じたように）

$$u(x) = A\cos(-\omega t) \tag{4.31}$$

であり，質点の位置 x に依らない．言い換えれば，すべての質点は，同じ方向に同じ距離だけ変位している．次に，波数 $k=\frac{2\pi}{L}N=\frac{2\pi}{a}$ の波を考えると，

$$u(x) = A\cos\left(\frac{2\pi}{a}x - \omega t\right) \tag{4.32}$$

となる．この波数の波において，場所 x の右隣の質点の変位は

$$u(x+a) = A\cos\left(\frac{2\pi}{a}(x+a) - \omega t\right) = A\cos\left(\frac{2\pi}{a}x - \omega t\right) = u(x) \tag{4.33}$$

となることからわかるように，場所 x の質点の変位と同じである．すなわち，すべての質点は同じ変位を持つ．したがって，波数 $k=\frac{2\pi}{L}N$（$p=N$ に対応）は，波数 $k=0$（$p=0$ に対応）と等価である．(これより，$p=N$ も励起エネルギーがゼロの振動に対応する.）したがって，$k=\frac{2\pi}{L}N=\frac{2\pi}{a}$ は意味を持たない．

では，最も高いエネルギーの波に対応する波数はどのようなものであろうか．これを考えるために，そのような波（定在波）においては，隣接する質点が逆方向に振れていたことを思いだそう．このような変位の波を与える波数は $p=\frac{N}{2}$ に対応することが次式からわかるであろう.[2)]

$$u(x) = A\cos\left(\frac{\pi}{a}x - \omega t\right) \tag{4.34}$$

[2)] N は偶数と仮定する．N はきわめて大きい数であるから，このような仮定も許されるであろう．

なぜなら，式 (4.34) は隣接する質点の変位に対し，$u(x+a)=-u(x)$ となることを意味するからである．

ここまでをまとめると，許される k の値は，p が正であるとすると，$0 \leq p \leq \frac{N}{2}$ の範囲の $N/2$ 個である．残りの $N/2$ 個は負の p（したがって負の k）から生じる．すなわち，許される k の値は,

$$-\frac{N}{2} < p \leq \frac{N}{2} \tag{4.35}$$

すなわち

$$-\frac{N\pi}{L} < k \leq \frac{N\pi}{L} \tag{4.36}$$

の範囲の N 個になる．この波数の領域を**第 1 ブリルアン（Brillouin）・ゾーン**と呼ぶ.[3] また，ゾーンの境界

$$\pm\frac{2\pi}{L}\frac{N}{2} = \pm\frac{\pi}{a} \tag{4.37}$$

を**ゾーン境界**あるいは**ゾーン・バウンダリー**と呼ぶ．今考えているのは 1 次元であり，このときのゾーン・バウンダリーは点となる．このように進行波において正負の波数が存在することは，定在波とは異なり，右向きに進む波と左向きに進む波が存在することに対応する．ここで，波数の大きさ $|k|$ が大きくなるほど振動数（これは後に学ぶようにエネルギーと等価である）が大きくなること，また，k と $-k$ における振動数が等しくなることに注意しよう．

[3] 第 1 ブリルアン・ゾーンがあるからには第 2 ブリルアン・ゾーンも存在する．後者については第 10 章を参照されたい．

4-2-4　格子波の分散曲線

分散関係は定在波や進行波の区別なく，また境界条件にも依らないので，格子波の場合も式 (4.20) と同じになる．すなわち，次式で与えられる．

$$\omega = 2\sqrt{\frac{f}{m}}\sin\frac{ka}{2} \tag{4.38}$$

これより，振動数 ω は波数 k の周期関数となるが，前項で見たように，許される整数 p の範囲したがって k の範囲は有限の領域（第1ブリルアン・ゾーン）に限られる（図4.5参照）．これは，分散曲線として意味があるのは，図の実線の部分（$-\frac{\pi}{a} < k \leq \frac{\pi}{a}$）のみであることを示す．このことは，次のように考えれば理解される．同じ振動数を持つA点とB点を考える．それぞれの波数は k_{A} と k_{B} である．波数 k_{A} の波は次のように表される．

$$\begin{aligned} u(x) &= u_0\cos(k_{\mathrm{A}}x - \omega_{\mathrm{A}}t) = u_0\cos\left[\left(k_{\mathrm{A}} - \frac{2\pi}{a}\right)x + 2n\pi - \omega_{\mathrm{A}}t\right] \\ &= u_0\cos\left[\left(k_{\mathrm{A}} - \frac{2\pi}{a}\right)x - \omega_{\mathrm{A}}t\right] = u_0\cos(k_{\mathrm{B}}x - \omega_{\mathrm{B}}t) \end{aligned} \tag{4.39}$$

ここで，$k_{\mathrm{B}} = k_{\mathrm{A}} - \frac{2\pi}{a}$ および $\omega_{\mathrm{A}} = \omega_{\mathrm{B}}$ の関係を用いた．式 (4.39) の最後の式は，波数 k_{B} の波を表す．したがって，点Aの波と点Bの波は等価であり，

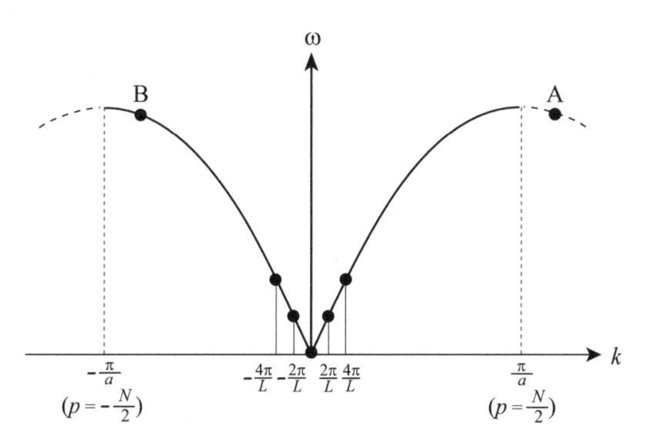

図 4.5　格子波の分散曲線．実線は第1ブリルアン・ゾーンに対応する．

いずれか一方（通常は点B）のみを考えればよい．同様に，$k=-\frac{\pi}{a}$ の波は $k=\frac{\pi}{a}$ の波と同じ状態を表すので，後者のみ考えれば十分である．

格子波の分散関係式 (4.20) は，波数が小さい領域 $k \simeq 0$ では，次のように近似される．

$$\omega = \sqrt{\frac{f}{m}}ka \tag{4.40}$$

これより位相速度 v_ϕ は次のように求まる．

$$v_\phi \equiv \frac{\omega}{k} = \sqrt{\frac{f}{m}}a \tag{4.41}$$

これは，固体中を伝搬する音波（密度波）の速さ，すなわち音速を表す．

《**発展 1**》 本書では質点（おもり）の質量はみな同じとした．一方，異なる質量（M と m）の質点が交互に並んだ状況を考えることも可能である（図 4.6(a) 参照）．このときの運動方程式が次のようになることについては各自試みられたい．

$$M\ddot{u}_n = -f(2u_n - u_{n-1} - u_{n+1}) \tag{4.42}$$

$$m\ddot{u}_{n-1} = -f(2u_{n-1} - u_n - u_{n+2}) \tag{4.43}$$

この微分方程式の解き方は，1 種類の質量の場合と同じであるので，計算については読者に委ね，ここでは結果のみを図 4.6(b) に示す．今度は曲線（ブランチと呼ばれる）

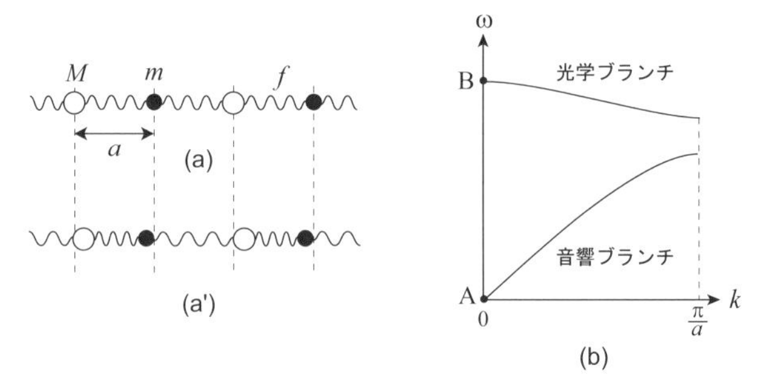

図 4.6　2 種類の原子（あるいはイオン）からなる結晶における格子波．(a) は平衡状態における原子配置，(a′) は図 (b) の B 点に対応するモードの原子配置を表す．(b) は分散関係を示す．

が 2 本存在する．振動数が小さい方はこれまで扱ってきたものと類似のもので，**音響ブランチ**と呼ばれる．振動数の高い方は，質量が 2 種類に増えたことによるもので，**光学ブランチ**と呼ばれる．点 A におけるモードはこれまでと同じように，すべての質点が同じ位相で運動しており，バネの伸び縮みはない．一方，点 B の振動のモードにおいては，重心が静止し，2 種類の質点は逆位相で振動している（図 4.6(a′) 参照）．

ここでは 2 種類の質量を考えたが，たとえばイオン結晶においては電荷が（正と負に）異なっていてもよい．このようなイオン結晶に光を照射すると，光の電場成分はイオンに力を及ぼし，これらのイオンは振動する．正負のイオンは電気双極子を形成し，この振動は電磁波を励起する．結局，フォトンの吸収や生成が行われる．これにより，光学ブランチと名付けられている．

第5章

2次元を進む波
——実格子と逆格子

前章では1次元空間を進む波（進行波）について学んだ．本章では，2次元空間における進行波について考えよう．[1] また，初学者にとって理解の困難な逆格子の概念についても学習する．

5-1　2次元空間の波

私たちの住む空間は3次元である．その中で物理学の対象となるものは，空間のある部分に質量が集中した物質（粒子あるいはそれを抽象化した質点などを含む）と，空間に拡がる波（浴槽の水面に立つ波や地球規模の地震あるいは津波など）であろう．議論を簡単にするため，2次元系を考える．物質（粒子）の簡単な例として，卓球台の上に置かれたピンポン球を考える．ピンポン球の位置は，**実空間**（私たちの住む空間）における2次元直交座標 (x, y) あるいはベクトル $\boldsymbol{r}$ を用いて表される（図5.1(a) 参照）．ピンポン球が時間とともに動く場合は，ベクトル $\boldsymbol{r}$ を時間の関数として表せばよい．では，水面上を進む波（進行波）はどのように表されるであろうか．進行波として，図5.1(b) に対応する「直線波」を考える．[2] 5-3節で示すように，「直線波」（平面

[1] 本章では基本的に2次元を扱うが，必要に応じて3次元の場合についても論ずる．

[2] ここで「直線波」と呼ぶ理由は，同じ位相（たとえば波の腹の部分）の点をつないでできる波面が直線であるからである．これは，3次元空間の**平面波**（同位相の点をつないでできる波面が平面）に対応する．

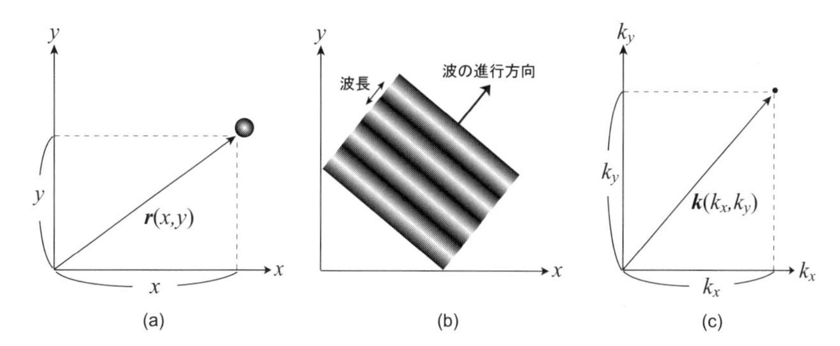

図 5.1　(a) ピンポン球の実空間上における座標表示．(b) 実空間における進行波．(c) 波数空間上における波数ベクトル $\boldsymbol{k}$ の表示．ベクトル $\boldsymbol{k}$ の向きは波の進む向きに平行であり，その大きさは波長 λ の逆数（$|\boldsymbol{k}| = 2\pi/\lambda$）に等しい．

波の 2 次元版）は，次のように表される．

$$\psi(x, y, t) = A\cos(k_x x + k_y y - \omega t + \phi) = A\cos(\boldsymbol{k} \cdot \boldsymbol{r} - \omega t + \phi) \tag{5.1}$$

波動関数としてギリシャ文字のプサイ ψ を用いたが，これは前章まで用いた変位 u に対応する．右辺においては余弦関数の代わりに正弦関数を用いてもよい．また，2 次元であることを反映し，波数を表すには 2 つの数が必要であり，ベクトル $\boldsymbol{k} = (k_x, k_y)$ として表した．ここで，$\boldsymbol{k} \cdot \boldsymbol{r} = k_x x + k_y y$ の関係を用いることにより，第 2 式のように書き表される．複素関数を用いると計算が簡便になることが多いので，次の表式 (5.2) にも慣れておくのがよい．[3)]

$$\psi(x, y, t) = Ae^{i(k_x x + k_y y - \omega t + \phi)} = Ae^{i(\boldsymbol{k} \cdot \boldsymbol{r} - \omega t + \phi)} \tag{5.2}$$

さて，粒子の位置を直交座標系の 2 次元ベクトル $\boldsymbol{r}(x, y)$ で表したと同じような記述を波動に対して考えることはできないであろうか．それは可能であり，式 (5.1) あるいは式 (5.2) における波数ベクトル $\boldsymbol{k} = (k_x, k_y)$ を図 5.1(c)

平面波でない波の例として，波面が球面である球面波がある．

3) 量子力学によれば，波動関数は必然的に複素関数になる．8-1 節を参照されたい．

のように表せばよい.（図 5.1(c) のように，波数ベクトルの成分を軸とする空間を**波数空間**と呼ぶ.）なぜなら，波を表すには，その進む向き・方向と波面の間隔（すなわち波の波長 λ）を指定すれば十分であるからである．5-3 節に示すように，波数ベクトル $\boldsymbol{k}$ の向きは図 5.1(b) に示した波の進行方向であり，その大きさは次のように波長 λ と関係づけられる．

$$k = \sqrt{{k_x}^2 + {k_y}^2} = \frac{2\pi}{\lambda} \tag{5.3}$$

（この式の導出については各自試みられたい.）空間の広い領域に拡がった波を記述するとき，実空間（通常の座標空間）における表示であれば，結晶中に存在するたくさんの原子位置に対する変位を指定する必要があるが，波数空間における表示であれば，1 つの矢印（波数ベクトル $\boldsymbol{k}$）を（波数空間上に）書くだけでよい．

物性物理学（あるいは量子力学）では，これまで考えてきた格子振動だけでなく，物質中の電子を扱う．たとえば，ある原子の中の一番内側にいる 1s 電子は，結晶の中でも**局在**している．ここで,「局在している」とは，どんなに時間が経っても同じ原子の位置に留まっていることを示す.[4] しかし，水素原子からなる金属が存在したとすると，事情は異なってくる.[5] この場合は，隣り合う 1s 軌道の間に空間的な重なりが生じ，その結果，1s 電子も結晶中を動き回るようになるであろう（第 11 章参照)．これは電子の波（電子波）であり，格子波と同じように波数ベクトルで状態が指定される．物性論を理解するうえで，波数ベクトルあるいは波数空間の考え方に慣れることが大事である．

---

[4] このとき 1s 電子の波動関数は指数関数 $\exp(-r^2/{a_0}^2)$ となる．ここで，a_0 はボーア（Bohr）半径であり，原子の大きさの目安を与える．

[5] 地球上には存在しないが，高圧状態の木星内部において，その存在が期待されている．

5-2　逆格子空間

5-2-1　実格子と逆格子

結晶は,[6] 原子の規則的な配列によってでき上がっている．2 次元の結晶の例として，図 5.2(a) を考えよう．そこでは，同じ原子が横方向に周期 a で並び，縦方向には周期 b で並んでいる.[7]（このような格子は**長方格子**と呼ばれる.）原子を取り除き，その代わりに点を置こう．このときの各点が（第 1 章でもふれた）格子点であり，その格子点の集合は**結晶格子**あるいは単に格子と呼ばれる.（後述の**逆格子**との対比から**実格子**とも呼ばれる.）

2 つのベクトル $\boldsymbol{a}$ と $\boldsymbol{b}$ を定義しよう．それらの大きさはそれぞれ a および b であり，その向きは隣接する原子へ向かう方向とする．このとき，実格子の

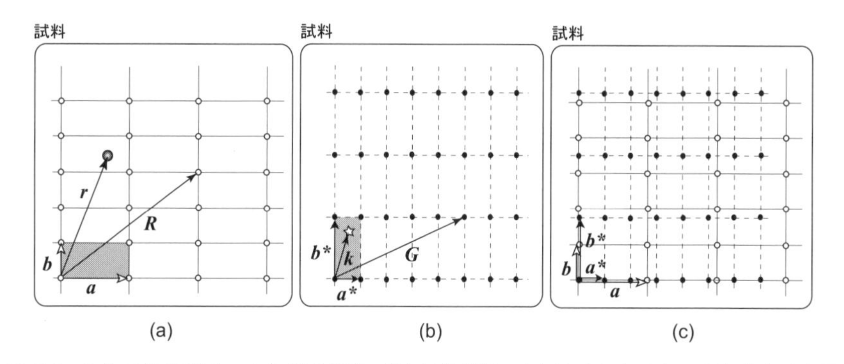

図 5.2　2 次元長方格子．(a) は実格子，(b) は逆格子，(c) は (a) と (b) の重ね合わせを示す．$\boldsymbol{a}$ および $\boldsymbol{b}$ は実格子空間を定義するときの基本的なベクトルであり，$\boldsymbol{a}^*$ および $\boldsymbol{b}^*$ は逆格子空間を定義するときの基本的なベクトルである．

---

[6] 通常の結晶は周期性を持つ．一方，1984 年に発見された**準結晶**も最近では“広義の結晶”と見なされる．本書で結晶というとき，通常の結晶を意味し，準結晶は考えない．

[7] 周期という用語は，時間であれ空間であれ,「繰り返し」という意味で使われている．ここではもちろん空間的な繰り返しの周期が格子定数 a および b に対応する．

空間（実空間）における互いに直交する単位ベクトルは $\boldsymbol{a}/a$ および $\boldsymbol{b}/b$ と書かれるから，実格子空間中の任意の点 $\boldsymbol{r}(x,y)$ は次のように表される．

$$\boldsymbol{r} = x\left(\frac{\boldsymbol{a}}{|\boldsymbol{a}|}\right) + y\left(\frac{\boldsymbol{b}}{|\boldsymbol{b}|}\right) \tag{5.4}$$

ベクトル $\boldsymbol{r}$ が格子点を表すのであれば，x は $|\boldsymbol{a}|$ の整数倍，y は $|\boldsymbol{b}|$ の整数倍となる．これは，整数 p と q を使って次のようにも表される．

$$\boldsymbol{R} = p\boldsymbol{a} + q\boldsymbol{b} \qquad (p \text{ および } q \text{ は整数}) \tag{5.5}$$

あるいはまた，格子点は，(p,q) のように表示されることもある．4 つの点 $(0,0)$,$(0,1)$,$(1,0)$,$(1,1)$ を結んで得られる直方形は**単位格子**と呼ばれ，結晶格子はこれを積み上げることによって生成される．[8] このように実空間の位置を表すときの基本となるベクトル $\boldsymbol{a}$ と $\boldsymbol{b}$ は，**基本並進ベクトル**あるいは単に**基本ベクトル**と呼ばれる．

【補足 1】 座標を表すために本書では丸括弧（ ）を用いた．結晶中における面を表すときにも丸括弧を用いるので注意が必要である．また，方向を表すときには角括弧を用いる．たとえば，$\boldsymbol{a}$ 軸に平行な方向を表したいときは [10] と表し，$\boldsymbol{b}$ 軸方向を表したいときは [01] と表す．$\boldsymbol{r} = \boldsymbol{a} + \boldsymbol{b}$ に平行な方向であれば，$\boldsymbol{a}$ と $\boldsymbol{b}$ の前の係数を用いて，[11] とすればよい．[11] と [22] が同じ方向であることもただちに理解されるであろう．

波数空間上のベクトル $\boldsymbol{k}$ に対しても，式 (5.4) と類似の式が成り立つ．

$$\boldsymbol{k} = k_x\left(\frac{\boldsymbol{a}^*}{|\boldsymbol{a}^*|}\right) + k_y\left(\frac{\boldsymbol{b}^*}{|\boldsymbol{b}^*|}\right) \tag{5.6}$$

ここで，$\boldsymbol{a}^*$ および $\boldsymbol{b}^*$ は**逆格子の基本並進ベクトル**あるいは単に**逆格子の基本ベクトル**であり，その定義については次節で説明する．式 (5.6) を図示した

[8] 長方格子（$\boldsymbol{a} \perp \boldsymbol{b}, a \neq b$）に対し，$a = b$ となるとき，格子は 2 次元**正方格子**となる．このときの単位格子は，4 つの点 $(0,0)$,$(0,1)$,$(1,0)$,$(1,1)$ を結んで得られる正方形である．3 次元への拡張も容易に理解されるであろう．

のが図 5.2(b) である．とくに，k_x および k_y が $|\boldsymbol{a}^*|$ および $|\boldsymbol{b}^*|$ の整数倍のとき，波数ベクトルは（実格子と同じように）格子を形成する．この格子を**逆格子**と呼び，その格子点を**逆格子点**と呼ぶ．格子点を記述する式 (5.5) と同じように，逆格子点はベクトル $\boldsymbol{G}$ を用いて次のように表される．

$$\boldsymbol{G} = p\boldsymbol{a}^* + q\boldsymbol{b}^* \qquad (p \text{ および } q \text{ は整数}) \tag{5.7}$$

これは，結晶格子を理解するうえで重要な式である．

5-2-2　逆格子の定義

逆格子の基本ベクトルは，次のように定義される．[9]

$$\boldsymbol{a}^* = 2\pi\frac{\boldsymbol{b}\times\boldsymbol{n}}{|\boldsymbol{a}\times\boldsymbol{b}|}, \quad \boldsymbol{b}^* = 2\pi\frac{\boldsymbol{n}\times\boldsymbol{a}}{|\boldsymbol{a}\times\boldsymbol{b}|} \tag{5.8}$$

ここで，$\boldsymbol{n}$ は紙面（$\boldsymbol{a}$ と $\boldsymbol{b}$ が作る面）に垂直な単位ベクトルである．また，物性物理では 2π を付けて定義するのが普通である．$\boldsymbol{a}^*$ の分母の $|\boldsymbol{a}\times\boldsymbol{b}|$ は単位格子の面積を表し，分子の $\boldsymbol{b}\times\boldsymbol{n}$ は $\boldsymbol{b}$ と $\boldsymbol{n}$ の双方に垂直なベクトルを表す．

正方格子では，単位格子の面積は a^2 となり，$\boldsymbol{b}\times\boldsymbol{n}$ は $\boldsymbol{a}$ に平行なベクトルでありその大きさは a である．したがって，$\boldsymbol{a}^*$ は $\boldsymbol{a}$ に平行なベクトルであり，その大きさは $\frac{2\pi}{a}$ である．すなわち，$\boldsymbol{a}^*$ は長さの逆数の次元を持つ．[10] 同様にして，$\boldsymbol{b}^*$ は $\boldsymbol{b}$ に平行なベクトルであり，その大きさは $\frac{2\pi}{a}$ である．格子定数が大きくなればなるほど，逆格子点の間隔は狭くなる．

2 次元長方格子の例が図 5.2(b) に与えられている．$\boldsymbol{a}^*$ は $\boldsymbol{a}$ に平行なベクトルであり，$\boldsymbol{b}^*$ は $\boldsymbol{b}$ に平行なベクトルである．また，$\boldsymbol{a}^*$ の大きさは $\frac{2\pi}{a}$ であり，$\boldsymbol{b}^*$ の大きさは $\frac{2\pi}{b}$ である．図 (a) と (b) において，長方形の長辺と短辺が入れ

---

[9] この定義は（2 次元に対しては）一般的な定義であり，$\boldsymbol{a}$ と $\boldsymbol{b}$ が直交しない格子に対しても成り立つ．
[10] 波数ベクトルと同じ次元をもつことに注意してほしい．

替わっていることに注意しよう.

《**発展 1**》 このように，結晶格子がわかると逆格子が一義的に定義され，結晶の方向を固定すると，逆格子の方向が決まる．実格子と逆格子の関係を図示したのが図 5.2(c) である．事情は 3 次元でも同じであり，**立方格子**（立方体を単位格子とするもの）の逆格子もまた立方体を積み重ねたものとなる．3 次元における逆格子基本ベクトルの定義を与えておこう．

$$\boldsymbol{a}^* = 2\pi\frac{\boldsymbol{b}\times\boldsymbol{c}}{\boldsymbol{a}\cdot\boldsymbol{b}\times\boldsymbol{c}},\quad \boldsymbol{b}^* = 2\pi\frac{\boldsymbol{c}\times\boldsymbol{a}}{\boldsymbol{a}\cdot\boldsymbol{b}\times\boldsymbol{c}},\quad \boldsymbol{c}^* = 2\pi\frac{\boldsymbol{a}\times\boldsymbol{b}}{\boldsymbol{a}\cdot\boldsymbol{b}\times\boldsymbol{c}} \tag{5.9}$$

ここで，分母の $V = \boldsymbol{a}\cdot\boldsymbol{b}\times\boldsymbol{c}$ は，単位格子の体積である.[11)]

六方晶の場合には注意が必要である．結晶格子の基本ベクトルは直交しないため，逆格子の基本ベクトルも直交しない．したがって，立方格子などと異なり，結晶格子と逆格子は互いに平行にはならない.

5-3　格子波と波数ベクトル

前章では，N 個の質点がバネでつながれた系を考えた．質点間の距離が a だけ離れていたことを思い出すと，この質点系は格子定数が a の結晶格子に対応する．この質点を原子に置き換えれば結晶ができ上がる．原子間には何らかの引力が働いているため，原子はばらばらにならず，固体を形作っている．この原子間力を，前章までにおいてはバネで置き換えたわけである.

簡単に考えれば，絶対零度では原子は平衡位置に静止しているであろう.[12)] 温度が上がると，原子は周囲から熱エネルギーをもらい，平衡位置からずれるであろう．隣り合う原子は互いに力を及ぼしあっているから（バネで結合

[11)] 2 次元の場合では単位格子の面積がこれに代わる．また，2 次元における定義式 (5.8) は，式 (5.9) において，$\boldsymbol{a}$ と $\boldsymbol{b}$ を 2 次元面内のベクトル，$\boldsymbol{c}$ をそれに垂直な単位ベクトルと考えることにより得られる.

[12)] 量子力学における不確定性原理を考えると，絶対零度でも原子は零点振動を起こしており，静止しているわけではない．ここでは，簡単のため，絶対零度で原子は平衡位置（バネの弾性エネルギーが最も小さい配置に対応）に静止していると考える.

されているから），隣の原子も引きずられて変位する．この変位はまた隣の原子に伝えられる．このように，原子の変位は，格子振動の波として，結晶の中を次々と伝わっていくことになる．

前章では，1 次元的に配列した質点系を考えた．本節では，これを 2 次元に拡張しよう．結晶の x 軸方向（$\boldsymbol{a}$ ベクトルに平行）に進む格子振動の波（格子波）は（図 5.3(a) 参照），1 次元の場合と同じように，次式で表される．

$$\psi = A\cos(kx - \omega t) \tag{5.10}$$

なぜなら，同じ x 座標を持つ原子は，y 座標に無関係に，みな同じ変位をしているからである．同じように，y 軸方向に波数 k で進む格子波は次式のように表される．

$$\psi = A\cos(ky - \omega t) \tag{5.11}$$

次の式で表される格子波を考えよう．

$$\psi = A\cos(kx + ky - \omega t) \tag{5.12}$$

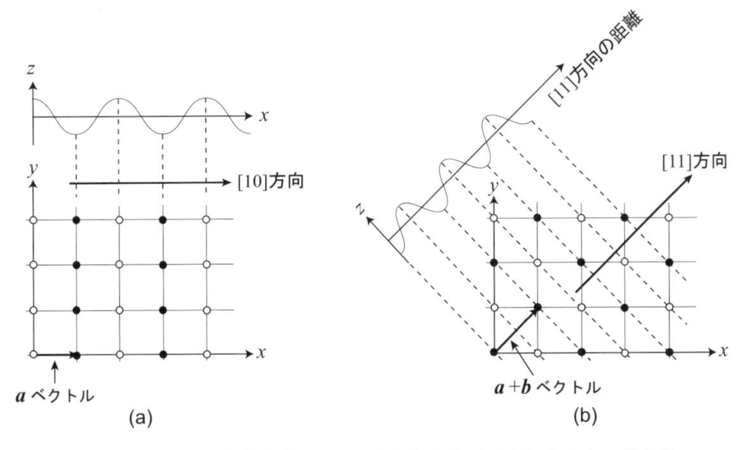

図 5.3　2 次元格子を進む波．(a)[10] 方向および (b)[11] 方向に進む波．

位相が同じになる原子の座標は，$k(x+y)=c$（定数）から求まる．たとえば，定数 c をゼロに選ぶと，(0,0), (-1,1), (1, -1) 等の座標上の原子はみな同じ位相，したがって同じ方向に同じ量だけ変位している．これらの原子を結ぶ線は傾きが -1 の直線であり，[11] 方向と直交している．これより，この波は，[11] 方向に進む平面波であることがわかる（図 5.3(b) 参照）．

ベクトル $\boldsymbol{k}=(k_x,k_y)$ に対し，波を次のように書き表そう．

$$\psi=A\cos(\boldsymbol{k}\cdot\boldsymbol{r}-\omega t)=A\cos(k_x x+k_y y-\omega t) \tag{5.13}$$

$k_y=0$ は式 (5.10) に対応し，$k_x=0$ は式 (5.11) に対応する．同様に，$k_x=k_y$ の場合が式 (5.12) に対応する．これより，波数ベクトル $\boldsymbol{k}$ は波の進む方向を示すことがわかる．[13)]

また，$\boldsymbol{k}$ に垂直な線上の原子（3 次元であれば面上の原子）はみな同じ位相を持っていることも理解されよう．なお，波数ベクトルの大きさと波長の間には $\lambda=2\pi/k$ の関係があるから，$\boldsymbol{k}$ が決まれば，方向だけでなく波長も決まることになる．

5-4　ブリルアン・ゾーン

逆格子ベクトルと波数ベクトル $\boldsymbol{k}$ は同じ次元を持つ．したがって，波数ベクトルは逆格子上で表される（同じ図上にプロットされる）ことになる．たとえば，式 (5.6) において，$\frac{\boldsymbol{a}^*}{|\boldsymbol{a}^*|}=(1,0)$, $\frac{\boldsymbol{b}^*}{|\boldsymbol{b}^*|}=(0,1)$ と表示すると，任意の波数ベクトルは任意の数 k_x, k_y を用い，$\boldsymbol{k}=(k_x,k_y)$ と表される．

---

13) $k_y=0$ は $\boldsymbol{k}=(k_x,0)=(1,0)k_x$ と書かれることから [10] 方向に進む波，$k_x=0$ は $\boldsymbol{k}=(0,k_y)=(0,1)k_y$ と書かれることから [01] 方向に進む波である．同様に，$k_x=k_y$ に対しては $\boldsymbol{k}=(k_x,k_y)=(1,1)k_x$ となるから，[11] 方向に進む波となる．

一方，4-2-3 項では，1 次元の格子系におけるブリルアン・ゾーンについて論じた．そこで見たように，$k=0$ の進行波だけでなく $k=\frac{2\pi}{L}N=\frac{2\pi}{a}$ の波数の波においても，すべての質点が同じ方向に同じ距離だけ変位していた．これより，波数 $k=0$ の波と波数 $k=\frac{2\pi}{a}$ の波は等価であることがわかった．結局，等価でない独立な波（基準モードの波）を表す波数は，$-\frac{\pi}{a}<k\leq\frac{\pi}{a}$（第 1 ブリルアン・ゾーン）に含まれるものであることがわかった．このモードの個数（すなわち許される波数の数）は N 個であり，自由度の数（すなわち質点の座標の数）に等しい．分散関係も（図 4.5 参照），第 1 ブリルアン・ゾーンの波数だけを考えれば十分であった．なぜなら，その外側の領域は，第 1 ブリルアン・ゾーンの繰り返しに過ぎないからである．

2 次元平面上に置かれた質点系を考える（図 5.4(a) 参照）．質点の数は，x 軸および y 軸のそれぞれの方向に N 個ずつあるとする（全部で N^2 個）．簡単のため，質点の変位は平面に垂直方向（z 軸方向）だけが許されるとする．z 軸方向の（微小な）変位 ψ は，質点の座標と時間の関数として，次式で表されるであろう．

$$\psi(x,y,t)=Ae^{i(k_x x+k_y y-\omega t)}=Ae^{i(\boldsymbol{k}\cdot\boldsymbol{r}-\omega t)} \tag{5.14}$$

系を記述するのに必要な座標の数は $N^2\times 1=N^2$ である．したがって，モー

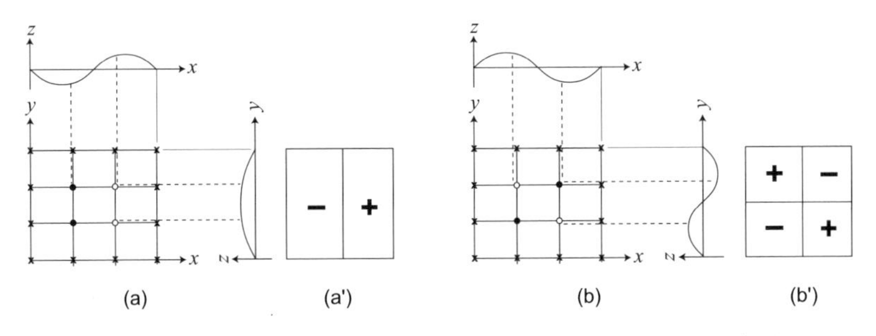

図 5.4　2 次元の格子点の振動．2 個のモード (a)(a′) および (b)(b′) が示されている．

ドの数も N^2 である．このことを，$N=2$ の例を用いて考えよう．(壁に固定された質点を×印で示す.）$N^2 = 4$ 個のモードは以下のようなものである．まず，図 5.4(a) に示したように，x 軸方向の隣り合う質点が逆位相で動き，y 軸方向の質点が同位相で動くモードがある．これを，図 5.4(a$'$) のように，正方形の左半分にマイナス，右半分にプラスと書くことにより，記号化しよう．(正方形の枠は壁に相当し，その中に書かれた＋および－は，z 軸方向の微小な変位 ψ の正負に対応する.）同様に，図 5.4(b) に示すようなモードも存在する．この他に，全体がプラスであるモード（$\boldsymbol{k}=0$ のモード），図 5.4(a$'$) の x 軸と y 軸を入れ替えたモードが存在し，結局，(期待されたように）合計 4 個のモードが存在する．

x-y 面上に配列した $N \times N$ 個の質点系の場合も同じように考えればよい．k_x 軸上には $-\frac{\pi}{a} < k_x \leq \frac{\pi}{a}$ の範囲の N 個の波数が許され，k_y 軸上にも同様に $-\frac{\pi}{a} < k_y \leq \frac{\pi}{a}$ の範囲の N 個の波数が許される．したがって，これらの波数の組み合わせによってでき上がる N^2 個のモードが存在する．

さて，このような系の第 1 ブリルアン・ゾーンはどのようなものとなるであろうか．その作り方は，次のようにすればよい．まず，2 次元正方格子の逆格子を描こう（図 5.5 参照)．次に，逆格子ベクトル $\boldsymbol{a}^*$ 上の点（この逆格子点を (1,0) と表そう）に向かって引いた線の垂直 2 等分線を考える．図 (a) では，この線は破線で示されている．次に，逆格子点 (0,1) に向かって引いた線分の垂直 2 等分線を描く．同じことを，逆格子点 (-1,0) および (0,-1) に対しても行う．さらに，逆格子点 (1,1)，(1,-1)，(-1,1)，(-1,-1) に対しても，それに向かって引いた線分の垂直 2 等分線を描く．このようにして描かれた図形を見ると，最も内側に，図 5.5(b) に濃い色で示された領域が現れる．これが第 1 ブリルアン・ゾーンであり，その領域を囲む直線がゾーン・バウンダリー（境界）である．また，図 5.5(b) において薄い色で示された領域が第 2 ブリルアン・ゾーンである．

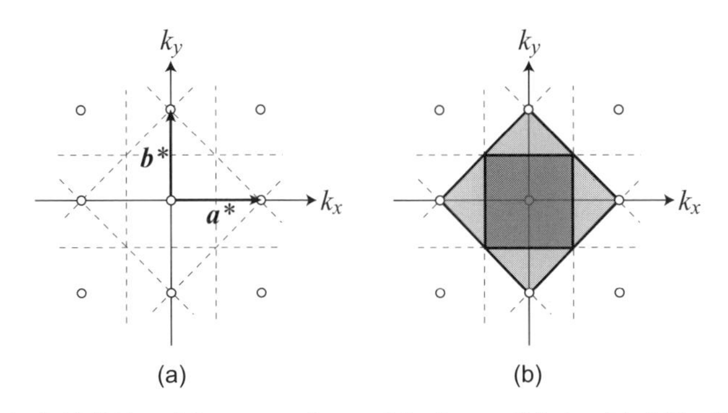

図 5.5　2 次元正方格子のブリルアン・ゾーン．(a) ゾーンの作り方．(b) 内側の濃い陰影部は第 1 ブリルアン・ゾーン，その外側の薄い陰影部は第 2 ブリルアン・ゾーンを表す．

前章の 1 次元の場合は，k_x 軸の部分を取り出したと考えればよい．また，3 次元の場合への拡張も容易であろう．ただし 3 次元では，線分の垂直 2 等分面で囲まれた（一番内側の）領域が第 1 ブリルアン・ゾーンとなり，境界は面となる．

5-5　ブラッグの反射条件とラウエの回折条件

逆格子空間の概念の有用性を理解するには，X 線という波の回折現象を考えるのがよい．X 線回折実験は，図 5.6(a) に示したような配置で行われる．X 線発生装置あるいは加速器から発せられた X 線は試料に照射され，散乱された X 線は検出器（フィルムなど）に到達する．このとき，入射 X 線の波数ベクトルを $\boldsymbol{k}$ とし，散乱 X 線の波数ベクトルを $\boldsymbol{k}'$（弾性散乱を考えているので $|\boldsymbol{k}'| = |\boldsymbol{k}|$）とする．[14] ベクトル $\boldsymbol{k}$ と $\boldsymbol{k}'$ のなす角度（散乱角）を図 (a) に示

[14] X 線などの電磁波の分散関係は，$\omega = ck$（c は光速）であるから，弾性散乱すなわち $\omega = \omega'$ であれば $|\boldsymbol{k}| = |\boldsymbol{k}'|$ となる．

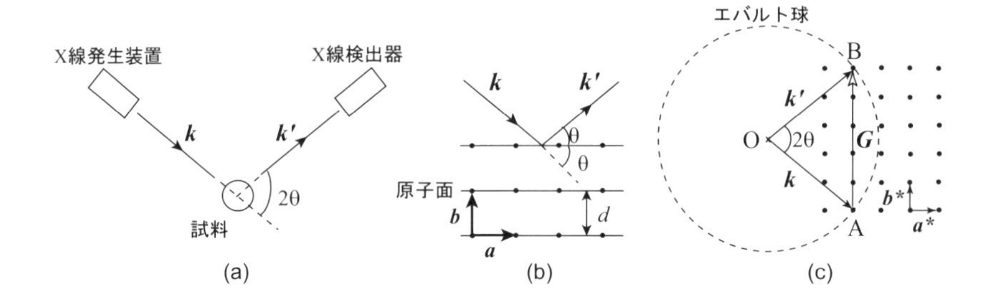

図 5.6 X 線回折実験. (a) 試料と実験装置の配置関係. (b) 原子面に当たった X 線が回折される様子. (c) 逆格子空間上における回折の条件. 2 つの波数ベクトル $\boldsymbol{k}$ および $\boldsymbol{k}'$ は (a),(b),(c) において共通である.

したように 2θ と置く. 回折されて出ていく X 線の方向はでたらめではなく, **ブラッグ**（Bragg）**の反射条件**に従っている.

$$2d\sin\theta = \lambda = \frac{2\pi}{|\boldsymbol{k}|} \tag{5.15}$$

ここで, d は原子面の面間隔（図 5.6(b) 参照）であり, λ は X 線の波長である.

d や θ などの関係をもう少し詳しく調べよう. 今考えている試料の結晶構造が 2 次元正方格子（図 5.6(b) 参照）であるとしよう. これらの格子点を通る “原子面” として,[15] 図に直線で示した (01) 面を考える.[16] この原子面に対し角度 θ をなして X 線が入射したとすると, ちょうど光が鏡で反射されるように, 回折された X 線も同じ角度で散乱される.

同じことを逆格子空間上に図解（**エバルト**または**エワルド**（Ewald）**の作図**）して考えてみよう. そのために, まず, この正方格子に対する逆格子を描く（図 5.6(c) 参照）. この逆格子の中に適当な 1 点（図の A 点）を選ぼう.

---

[15] 3 次元の場合は面になるが, 2 次元の場合は線となる. ここでは, 3 次元の場合への拡張を考慮して, 面と呼んでおく.

[16] この面（ゼロイチ面と読む）は, x 軸に平行で y 軸と座標 (0,1) で交わることから, (01) と書かれる. 面間隔が d で互いに平行な一連の面が (01) 面であり, 図ではこのうち 3 つの面が記されている. これに垂直な方向（法線ベクトルの方向）も同じ指数を用いて [01] と表される.

その点が終点となるように，入射 X 線の波数ベクトル $\boldsymbol{k}$ を書き入れる．その線分の始点（図の O 点）の周りに半径が $|\boldsymbol{k}|$ の円を描く．その円が逆格子点 B と交わったとする．このとき，O 点から B 点に引いた線分が回折 X 線の波数ベクトル $\boldsymbol{k}'$ になる（これは**ラウエ**（Laue）**の回折条件**と呼ばれる）．

ブラッグの条件とラウエの条件が等価であることを示すために，まず，ラウエ条件を式で書き下す．

$$\Delta\boldsymbol{k} = \boldsymbol{G} \tag{5.16}$$

ここで，$\Delta\boldsymbol{k} = \boldsymbol{k}' - \boldsymbol{k}$（**散乱ベクトル**と呼ばれる）であり，$\boldsymbol{G}$ は逆格子ベクトルである．式 (5.16) は，X 線の散乱ベクトル $\Delta\boldsymbol{k}$ が逆格子ベクトル $\boldsymbol{G}$ のどれかと一致したとき，回折条件が満たされることを意味する．まず，左辺の絶対値を考える（図 5.6(c) 参照）．

$$|\Delta\boldsymbol{k}| = 2k\sin\theta = 2\frac{2\pi}{\lambda}\sin\theta \tag{5.17}$$

ここで，散乱が弾性散乱であることから $|\boldsymbol{k}| = |\boldsymbol{k}'|$ であり，$\boldsymbol{k}$ と $\boldsymbol{k}'$ とのなす角が 2θ であることを利用した．次に，ここでは証明しないが，逆格子ベクトルの大きさが面間隔 d の逆数で与えられることを用いる．

$$|\boldsymbol{G}| = \frac{2\pi}{d} \tag{5.18}$$

式 (5.16) より式 (5.17) と式 (5.18) が等しいと置くと，ブラッグの反射条件 (5.15) が得られる．

以上からわかるように，ブラッグの反射条件を逆格子空間上で表現したものがラウエの回折条件である．

5-6　フーリエ変換

5-6-1　数学的準備

フーリエ（Fourier）変換というと難しく聞こえるが，日常的に使われている概念である．図 5.7(a) に示した時間依存性を持つ音が空気中を伝わってきたとしよう．音波は空気の疎密波であり，私たちの耳の鼓膜を振動させる．鼓膜の場所（それを表すのが空間座標 $\boldsymbol{r}$）における空気密度の時間変化が次式のようであったとする．

$$f(t) = A\cos\omega_0 t \tag{5.19}$$

これが頭の中でフーリエ変換された結果，その振動数が ω_0 であることを（絶対音感を持っていれば）認識する．（絶対音感がなくても，2 つの異なる振動数の音波を聞き分けることはできる．）これを図に表せば図 5.7(b) のようになる．すなわち，関数 $f(t)$ をフーリエ変換した関数 $g(\omega)$ は周波数 ω_0 のところに鋭いピークを持ち，その周波数を私たちの脳は認識しているのである．

少し具体的に計算してみよう．一般に，周期 T の周期関数 $f(t)$ に対し，関数 $g(\omega)$ に変換することを，フーリエ変換と呼ぶ.[17)]

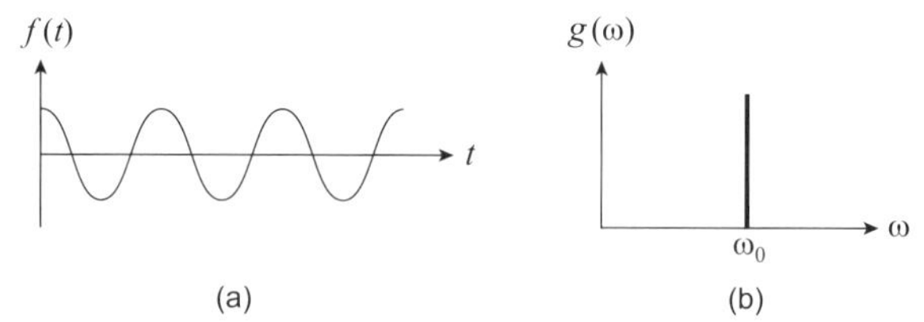

図 5.7　(a) ある場所における振動（振動数を ω_0 とする）の時間依存性．(b) (a) の波のフーリエ変換スペクトル．

17) もっと一般的に，任意の関数に対してフーリエ変換を定義することも可能である．

$$g(\omega) = \frac{2}{T}\int_0^T f(t)\cos\omega t dt \tag{5.20}$$

ここで，周期 T の周期関数とは，任意の t に対し，次式を満たす関数のことである．

$$f(t+T) = f(t) \tag{5.21}$$

関数 (5.19) が，式 (5.20) および式 (5.21) を満たすことは次のようにしてわかる．まず，$T = \frac{2\pi}{\omega_0}$ とすると，

$$\cos\left(\omega_0(t+T)\right) = \cos(\omega_0 t + \omega_0 T) = \cos\omega_0 t \tag{5.22}$$

となることから，関係式 (5.21) が満たされる．次に，積分公式

$$\frac{2}{T}\int_0^T \cos\omega_0 t\cos\omega t dt = \begin{cases} 1 & (\omega = \omega_0 \neq 0 \text{ のとき}) \\ 0 & (\omega \neq \omega_0 \text{のとき}) \end{cases} \tag{5.23}$$

を使えば，次式が満たされることがわかる．

$$g(\omega) = \begin{cases} 1 & (\omega = \omega_0 \neq 0 \text{ のとき}) \\ 0 & (\omega \neq \omega_0 \text{のとき}) \end{cases} \tag{5.24}$$

これはまさに図 5.7(b) に示したものである．

音波 $f(t)$ が正弦波であれば，式 (5.20) の代わりに，次の定義式

$$h(\omega) = \frac{2}{T}\int_0^T f(t)\sin\omega t dt \tag{5.25}$$

および，次の積分公式を使えばよい．

$$\frac{2}{T}\int_0^T \sin\omega_0 t\sin\omega t dt = \begin{cases} 1 & (\omega = \omega_0 \neq 0 \text{ のとき}) \\ 0 & (\omega \neq \omega_0 \text{のとき}) \end{cases} \tag{5.26}$$

関数 $f(t)$ において，$T = \frac{2\pi}{\omega_0}n$ $(n = 0, 1, 2, \cdots)$ も周期となる．これを上の結

果と組み合わせると，周期 T の（滑らかな）周期関数 $f(t)$ は，次のように展開されることがわかる．

$$f(t) = \sum_{n=0}^{\infty} (g(\omega_n)\cos\omega_n t + h(\omega_n)\sin\omega_n t) \qquad \left(\omega_n = \frac{2\pi}{T}n\right) \tag{5.27}$$

この証明は，読者に任せよう．式 (5.27) は**フーリエ展開**と呼ばれ，係数 g や h は**フーリエ係数**と呼ばれる．フーリエ展開の意味は,「周期関数は（周期関数である）sin 関数や cos 関数を重ね合わせることによって作りだされる」ことを示している．このとき，足し合わせる sin 関数や cos 関数の数が多ければ多いほど，元の関数の再現性がよくなる．

ここまでは日常生活でもなじみの深い時間と周波数（振動数）に関する議論を行ってきたが，数学的には，空間座標と波数に読み替えてもよい．式 (5.27) と同じであるが，空間的な周期 L を持つ関数 $f(x)$ に対し，次のフーリエ展開が成り立つ．

$$f(x) = \sum_{n=0}^{\infty} (g(k_n)\cos k_n x + h(k_n)\sin k_n x) \qquad \left(k_n = \frac{2\pi}{L}n\right) \tag{5.28}$$

このように，空間座標と波数の関係は，フーリエ変換の立場に立って考えると，時間と周波数の関係と同じである．

$f(x)$ として単純な次の関数を考えよう．

$$f(x) = A\cos kx \tag{5.29}$$

この関数は偶関数なので，フーリエ展開式 (5.28) の内，余弦関数だけでよい.[18)]

$$A\cos kx = \sum_{n=0}^{\infty} g_n \cos nkx \quad \left(k = \frac{2\pi}{L}\right) \tag{5.30}$$

[18)] 厳密に言えば，式 (5.28) は，結晶の大きさ（長さ）L の中だけで定義されている．しかし，周期境界条件より，$f(x)$ は $-\infty < x < \infty$ で定義された関数のうちの長さ L の部分であるとみなされる．これにより，フーリエ展開が可能となる．

この場合にはフーリエ係数は，次のように簡単に求まる．

$$g_0 = 0, \quad g_1 = A, \quad g_n = 0 \ (n \geq 2) \tag{5.31}$$

式 (5.30) の左辺は，実空間の位置（場所）が指定された時，その位置における関数の大きさを与える．これに対し，右辺は，その関数の中に波数 nk を持った余弦（コサイン）波がどれくらい含まれているかを表している．今の場合であれば，当然であるが，$n = 1$ つまり波数 k の波だけが含まれており，それ以外の波数の波（$n \neq 1$ の波）は含まれていない．左辺は実格子空間での表現であり，右辺は逆格子空間での表現であるともいえる．

《発展 2》 ここまでは，時間 $t \Leftrightarrow$ 振動数 ω のフーリエ変換と，空間座標 $x \Leftrightarrow$ 波数 k のフーリエ変換を別々に考えてきた．一方，進行波では，$\cos(kx - \omega t)$ のように，k と x および ω と t が位相を決定する．このとき，$t \Leftrightarrow \omega$ のフーリエ変換と，$x \Leftrightarrow k$ のフーリエ変換の両方を同時に考える必要がある．以下では，複素数の指数関数を用いるのが便利である．まず，オイラー（Euler）の公式

$$\cos\theta = \frac{1}{2}(e^{i\theta} + e^{-i\theta}), \quad \sin\theta = \frac{1}{2i}(e^{i\theta} - e^{-i\theta}) \tag{5.32}$$

を用い，フーリエ展開を次のように書き表そう．

$$f(x) = \sum_{m=-\infty}^{\infty} c_m e^{i(2n\pi x/L)} = \sum_{m=-\infty}^{\infty} c_m e^{ikx} \tag{5.33}$$

また，周期 $L \to \infty$ のときには，次のフーリエ変換が成り立つ．

$$f(x) = \frac{1}{2\pi} \int_{-\infty}^{\infty} F(k) e^{ikx} dk \tag{5.34}$$

これは，波動関数 $f(x)$ を平面波 e^{ikx} の重ね合わせとして表す式と解釈される．さらに，位置 x と時間 t の関数である物理量 $f(x,t)$ に対し，次のフーリエ変換の式が成り立つ．

$$f(x,t) = \frac{1}{(2\pi)^2} \int\int_{-\infty}^{\infty} F(k,\omega) e^{i(kx-\omega t)} dk d\omega \tag{5.35}$$

式 (5.35) は，進行波に関する展開となっている．

5-6-2　結晶への応用

結晶内の電子の密度の分布 $\rho(\boldsymbol{r})$ を考えよう．結晶は周期性を持つから，次のようにフーリエ展開が可能である．

$$\rho(\boldsymbol{r}) = \sum_{\boldsymbol{k}} n(\boldsymbol{k}) e^{i\boldsymbol{k}\cdot\boldsymbol{r}} \tag{5.36}$$

ここで，$\boldsymbol{r}$ は結晶内の任意の点を表し，現実の系を考えるため 3 次元空間を考える．結晶の格子点を次のように表す（5-2-1 項参照）．

$$\boldsymbol{R} = l_1\boldsymbol{a}_1 + l_2\boldsymbol{a}_2 + l_3\boldsymbol{a}_3 \quad (l_1, l_2, l_3 \text{は整数}) \tag{5.37}$$

ここで，$\boldsymbol{a}_1$, $\boldsymbol{a}_2$, $\boldsymbol{a}_3$ は格子の基本ベクトルである．位置 $\boldsymbol{r}$ に対し，式 (5.37) で表される並進操作を施すと，電子密度の分布関数は次のように変換される．

$$\rho(\boldsymbol{r}+\boldsymbol{R}) = \sum_{\boldsymbol{k}} n(\boldsymbol{k}) e^{i\boldsymbol{k}\cdot(\boldsymbol{r}+\boldsymbol{R})} = \sum_{\boldsymbol{k}} n(\boldsymbol{k}) e^{i\boldsymbol{k}\cdot\boldsymbol{r}} e^{i\boldsymbol{k}\cdot\boldsymbol{R}} \tag{5.38}$$

結晶の周期性を考えると，これは $\rho(\boldsymbol{r})$ に等しいはずである．

$$\sum_{\boldsymbol{k}} n(\boldsymbol{k}) e^{i\boldsymbol{k}\cdot\boldsymbol{r}} e^{i\boldsymbol{k}\cdot\boldsymbol{R}} = \sum_{\boldsymbol{k}} n(\boldsymbol{k}) e^{i\boldsymbol{k}\cdot\boldsymbol{r}} \tag{5.39}$$

これが成り立つためには，

$$e^{i\boldsymbol{k}\cdot\boldsymbol{R}} = 1 \quad \text{すなわち} \quad \boldsymbol{k}\cdot\boldsymbol{R} = 2\pi \times (\text{整数}) \tag{5.40}$$

でなければならない．これは，$\boldsymbol{k}$ が逆格子ベクトル $\boldsymbol{G}$ であることを意味する．なぜなら，逆格子ベクトルに対し，次式が成り立つからである．

$$\begin{aligned} \boldsymbol{G}\cdot\boldsymbol{R} &= (n_1\boldsymbol{a}_1^* + n_2\boldsymbol{a}_2^* + n_3\boldsymbol{a}_3^*)\cdot(l_1\boldsymbol{a}_1 + l_2\boldsymbol{a}_2 + l_3\boldsymbol{a}_3) \\ &= 2\pi \times (n_1 l_1 + n_2 l_2 + n_3 l_3) = 2\pi \times (\text{整数}) \end{aligned} \tag{5.41}$$

ここで，n_1, n_2, n_3 は整数であり，次式が成り立つ．

$$\boldsymbol{a}_1 \cdot \boldsymbol{a}_1^* = 2\pi, \quad \boldsymbol{a}_1 \cdot \boldsymbol{a}_2^* = 0, \quad \boldsymbol{a}_1 \cdot \boldsymbol{a}_3^* = 0$$

$$\boldsymbol{a}_2 \cdot \boldsymbol{a}_1^* = 0, \quad \boldsymbol{a}_2 \cdot \boldsymbol{a}_2^* = 2\pi, \quad \boldsymbol{a}_2 \cdot \boldsymbol{a}_3^* = 0$$

$$\boldsymbol{a}_3 \cdot \boldsymbol{a}_1^* = 0, \quad \boldsymbol{a}_3 \cdot \boldsymbol{a}_2^* = 0, \quad \boldsymbol{a}_3 \cdot \boldsymbol{a}_3^* = 2\pi \tag{5.42}$$

したがって，格子の周期性（並進対称性）を持つ任意の関数は，次のようにフーリエ展開される．

$$\rho(\boldsymbol{r}) = \sum_{\boldsymbol{G}} n(\boldsymbol{G}) e^{i\boldsymbol{G}\cdot\boldsymbol{r}} \quad (\boldsymbol{G} \text{ は逆格子ベクトル}) \tag{5.43}$$

ここで重要なことは，式 (5.43) の和が逆格子ベクトル $\boldsymbol{G}$ について取られていることである．これは，ブロッホ（Bloch）の定理（9-2-2 項参照）の理解などにおいて重要になってくる．

第6章

波を粒子として見る
——フォノンを例として

前章までは古典力学のみを用いた．本章では，前章で学んだ格子波（格子振動の波）を量子化する（量子力学的に取り扱う）ことによってフォノンが生まれ出てくることを学ぶ．計算を簡単にするため1次元の系を考えるが，基本的な考え方は3次元の場合でも同じである．

6-1　1自由度の調和振動子

6-1-1　調和振動子の量子化

バネにつながれた1個の質点，すなわち単振動（調和振動子）のエネルギーは，式(1.8)で求めたように，次のように書かれる．

$$E = \frac{1}{2}m\dot{u}^2 + \frac{1}{2}fu^2 = \frac{1}{2}fA^2 \tag{6.1}$$

ここで，mは質点の質量，uは変位，fはバネ定数，Aは振幅である．このように，調和振動子のエネルギーは連続である．これに対し，量子力学における調和振動子のエネルギーは不連続である．

$$\varepsilon = \left(n + \frac{1}{2}\right)\hbar\omega \quad (n\,\text{はゼロまたは正の整数}) \tag{6.2}$$

これを以下で導出してみよう．

質点 m に働く力は，古典力学と同じように，

$$F = -fx \tag{6.3}$$

である．固有振動数 $\omega = \sqrt{\frac{f}{m}}$ を用いると，力は次のように書かれる．

$$F = -m\omega^2 x \tag{6.4}$$

復元力 F のポテンシャルエネルギーは，式 (6.4) を x で積分することにより

$$U = \frac{1}{2}m\omega^2 x^2 \tag{6.5}$$

と得られる．したがって，解くべきシュレーディンガー（Schrödinger）方程式は，

$$\left(-\frac{\hbar^2}{2m}\frac{d^2}{dx^2} + \frac{1}{2}m\omega^2 x^2\right)\psi = \varepsilon\psi \tag{6.6}$$

と書かれる．かっこ内の第 1 項が運動エネルギー，第 2 項がポテンシャルエネルギーである．両辺を $\hbar\omega$ で割ると次のようになる．

$$-\frac{\hbar}{2m\omega}\frac{d^2\psi}{dx^2} + \frac{m\omega}{2\hbar}x^2\psi = \frac{\varepsilon}{\hbar\omega}\psi \tag{6.7}$$

ここで，次のように変数を置き換えよう．

$$\sqrt{\frac{m\omega}{\hbar}}x = \xi, \quad \frac{2\varepsilon}{\hbar\omega} = E \tag{6.8}$$

このとき，式 (6.7) は次のようになる．

$$\frac{d^2\psi}{d\xi^2} + (E - \xi^2)\psi = 0 \tag{6.9}$$

この微分方程式を解いてエネルギー E ないし ε を求めればよい．

ここでは一般解を求めることはやめ，低エネルギーの解だけを求める.[1] そのために，次の形の解を仮定する.

$$\psi = C_1 \exp\left(-\frac{\xi^2}{2}\right) \qquad (C_1 \text{は定数}) \tag{6.10}$$

これが解であることは，式 (6.9) に代入することにより確かめられる．このとき，次が成り立つ必要がある.

$$E = 1 \tag{6.11}$$

式 (6.10) は節を持たないから，式 (6.11) は基底状態のエネルギーであると考えられる．次に，節の数が 1 個の状態を探すと，それは次式で与えられる.

$$\psi = C_2 \xi \exp\left(-\frac{\xi^2}{2}\right) \qquad (C_2 \text{は定数}) \tag{6.12}$$

これが解であることも式 (6.9) に代入することにより確かめられるであろう．このときエネルギーは次のように求まる.

$$E = 3 \tag{6.13}$$

以上の結果から，エネルギーは次式で与えられると推測される.

$$E = 2n + 1 \quad (n \text{ は } 0 \text{ または正の整数}) \tag{6.14}$$

この予想が正しいことの証明は読者に委ねることとしよう．この結果を式 (6.8) に代入することにより，式 (6.2) が導かれる.

ここで，式 (6.2) において $n = 0$ と置くと，系の最低エネルギーが $\varepsilon = \frac{1}{2}\hbar\omega$ と求まる．これは**零**(ゼロ)**点振動**のエネルギーであり，量子力学に特徴的な性質（位置と運動量の不確定性関係 $\Delta x \Delta p_x \sim \hbar$ に由来する）である.

---

[1] 詳しい計算については，量子力学の教科書を参照されたい.

6-1-2　粒子としての見方：ボース粒子

前項で計算したことを概念的に書けば図 6.1 のようになるであろう．調和振動を量子力学で扱うとエネルギー準位が離散化する．調和振動子の場合は，エネルギー準位の間隔は等間隔（$= \hbar\omega$）である．この系の量子状態を指定するためには，**量子数** n を指定すればよい．$n = 0$ の状態は最低エネルギー状態であり，そのエネルギーは（絶対零度でも存在する）零点振動に対応する．外部からエネルギーが供給されれば，系は $n > 0$ の状態に励起される．これは，次のようにも解釈される．すなわち，n という励起状態は，$\hbar\omega$ のエネルギーを持った粒子が n 個存在する状態であると考えるのである．この粒子は同じ量子状態に何個でも入ることができ，**ボース粒子**と呼ばれる．

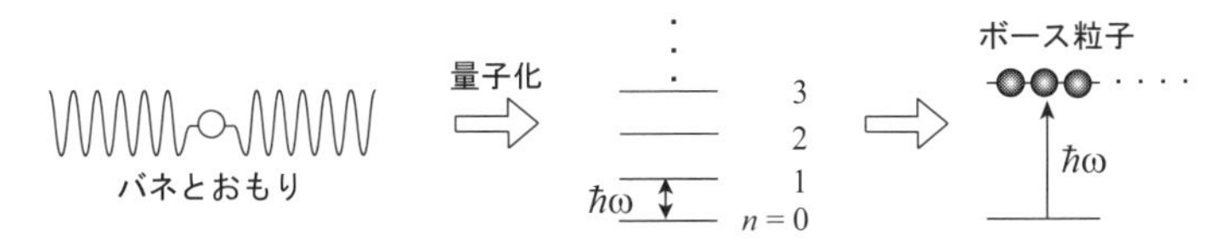

図 6.1　調和振動の量子化．古典的なバネと振り子は，量子化されるとエネルギー準位が離散的となり，ボース粒子という概念につながる．

6-2　多自由度の調和振動子系

6-2-1　量子化

自由度が 2 の連成振動子のエネルギーは，式 (1.37) および (1.38) から

$$E_1 = \frac{1}{2}\left(m\dot{q_1}^2 + f{q_1}^2\right) = \frac{1}{2}\left(m\dot{q_1}^2 + m{\omega_1}^2{q_1}^2\right), \quad \text{モード 1} \tag{6.15}$$

$$E_2 = \frac{1}{2}\left(m\dot{q_2}^2 + 3f{q_2}^2\right) = \frac{1}{2}\left(m\dot{q_2}^2 + m{\omega_2}^2{q_2}^2\right), \quad \text{モード 2} \tag{6.16}$$

である．これを N 個の自由度の系に拡張すると，系の全エネルギーは次のように書かれるであろう．

$$E = \sum_{k=1}^{N} E_k = \sum_{k=1}^{N} \frac{1}{2}\left(m\dot{q_k}^2 + m{\omega_k}^2{q_k}^2\right) \tag{6.17}$$

ここで，k はモードの番号を表し，自由度と同じ N 個存在する．このように，モード（あるいは基準座標）という概念を用いると，エネルギーは単振動のエネルギーの足し合わせになる．

次に，運動量 $p_k = m\dot{q_k}$ を用いた表現に変換すると，

$$E = \sum_{k} \left(\frac{1}{2m}{p_k}^2 + \frac{1}{2}m{\omega_k}^2{q_k}^2\right) \tag{6.18}$$

となる．次式のように運動量を演算子で表し，量子論へ移る．

$$p_k \to -i\hbar\frac{\partial}{\partial q_k} \tag{6.19}$$

ここで，$\hbar$ はプランク（Planck）定数 h を 2π で割ったものである．また，エネルギーは N 個の運動量 p_k と同数の座標 q_k とから成り立っているため，偏微分を用いた．このとき，エネルギー（ハミルトニアンと呼ばれる）は次のように書かれる．

$$\mathcal{H} = \sum_{k} \left(-\frac{\hbar^2}{2m}\frac{\partial^2}{\partial {q_k}^2} + \frac{1}{2}m{\omega_k}^2{q_k}^2\right) \tag{6.20}$$

かっこの中は，1 個の 1 次元調和振動子のハミルトニアンであり，そのエネルギーは，前節で見たように $(n+\frac{1}{2})\hbar\omega$ と書かれる．したがって，それらの足し算としてエネルギーは

$$E = \sum_{k} \left(n_k + \frac{1}{2}\right)\hbar\omega_k = 定数 + \sum_{k} n_k\hbar\omega_k \quad (n_k = 0, 1, 2, 3, \cdots) \tag{6.21}$$

となる．

振り子や格子振動において，振動数 ω と波数 k の関係は分散関係と呼ばれた．この振動数に $\hbar$ を乗じたものは，式 (6.21) からわかるように，エネルギーである．したがって，分散関係とは，エネルギーと波数との関係であるといってもよい．

【補足 1】 式 (6.20) よりシュレーディンガー方程式は次のようになる．

$$\left(\sum_k -\frac{\hbar^2}{2m}\frac{\partial^2}{\partial {q_k}^2}+\frac{1}{2}m{\omega_k}^2{q_k}^2\right)\Psi = E\Psi \tag{6.22}$$

波動関数 Ψ を次のように置こう．

$$\Psi = \psi_1(q_1)\psi_2(q_2)\psi_3(q_3)\cdots\psi_N(q_N) \tag{6.23}$$

これを式 (6.22) に代入し，全体を Ψ で割ると次が得られる．

$$\sum_k \frac{1}{\psi_k}\left(-\frac{\hbar^2}{2m}\frac{\partial^2}{\partial {q_k}^2}+\frac{1}{2}m{\omega_k}^2{q_k}^2\right)\psi_k = E \tag{6.24}$$

左辺の各項は，すべて異なる変数 q_k の関数なので，この式がつねに成り立つためには，各項が定数でなければならない．この定数を E_k と置くと，次式になる．

$$\left(-\frac{\hbar^2}{2m}\frac{\partial^2}{\partial {q_k}^2}+\frac{1}{2}m{\omega_k}^2{q_k}^2\right)\psi_k = E_k\psi_k \tag{6.25}$$

ここで，$E=\sum_k E_k$ である．これはシュレーディンガー方程式 (6.6) と同じであるから，そのエネルギーは次のようになる．

$$E_k = \left(n_k+\frac{1}{2}\right)\hbar\omega_k \tag{6.26}$$

これより，式 (6.21) が得られる．ここで用いられた計算手法は，変数分離法と呼ばれる．

6-2-2　フォノン

ここで考えた N 個の質点からなるバネの系は，格子波のモデルである．格子波は結晶の中に拡がった波であり，その波動は単振動の和として理解されることがわかった．また，単振動を量子力学的に扱うと（量子化すると），エネルギーが不連続な値になる（エネルギーが量子化される）ことも式(6.21)から学んだ．これは電磁波に似ている．電磁波も空間の中に拡がった波であるが，それを量子化すると，**フォトン**（photon，光子）と呼ばれるものが現れる．振動数 ω の電磁波のエネルギーが $\hbar\omega$ を単位にして変化することから，フォトンを「$\hbar\omega$ のエネルギーの塊を持っている粒子」と考えるのである．これと同じように，格子波の場合も，$\hbar\omega$ のエネルギーの塊を持った単位と考え，これを**フォノン**（phonon）と呼んでいる．[2)]

ここで，6-1-2 項で学んだことを，フォノンの場合にあてはめて再考しよう．量子力学で学ぶように，水素原子の電子は 1s, 2s, 2p, 3s …と名付けられた軌道状態をとり，それらは離散的な（量子化された）エネルギー準位を持つ（図 6.2(a) 参照）．量子状態を特徴づける 1s などの名前は量子数の一種である．絶対零度では電子は最低エネルギー状態 ε_{1s} を占有しているが，外からエネルギーを受け取ることにより，励起状態に励起される．たとえば，$\varepsilon_{3p}-\varepsilon_{1s}$ のエネルギーを持つ光が照射されれば，電子は 3p 準位に励起される．

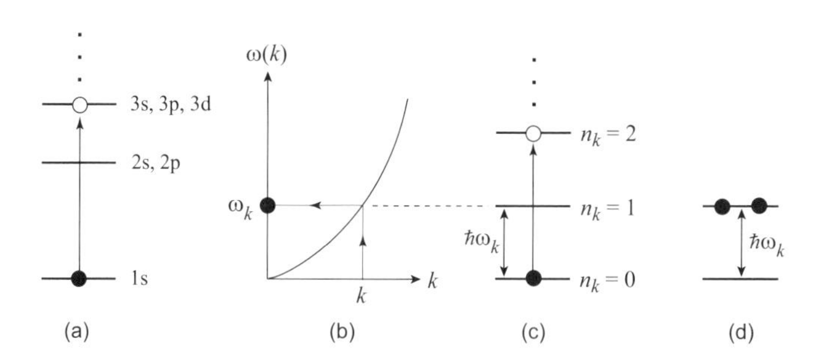

図 6.2　量子化されたエネルギー準位．

2) フォトンは光を意味する photo に由来する．格子波のうちで波長の長い（波数 $k\to 0$）縦波は音波であることから，音を意味する phono に由来し，フォノンと名付けられた．フォトンは素粒子の 1 種であるが，フォノンは原子の集合系に起きる振動という励起であり（**素励起**や**準粒子**と呼ばれる），素粒子ではない．

図 6.2(b) に示した分散関係を持つ格子波を考える．ある波数 k のモードに対応する振動数を ω_k と書こう．このモードは，固有振動数 ω_k を持つ調和振動子と等価である．調和振動子のエネルギーは，前項で見たように，量子化されている．

$$E = \left(n_k + \frac{1}{2}\right)\hbar\omega_k \quad (n_k = 0, 1, 2, 3, \cdots) \tag{6.27}$$

水素原子の場合と同じように考えれば，振動子は量子数 n_k によって指定される量子状態を持つ（図 6.2(c)）．基底状態は $n_k = 0$ に対応し，n_k $(\neq 0)$ は励起状態に対応する．図には，基底状態から第 2 励起状態への励起が矢印で示されている．

一方，これとは異なった見方も可能である．振動数 ω_k のモードに対し，$\hbar\omega_k$ というエネルギー（量子）を持ったフォノンの数によって量子状態が指定されると考えるのである．たとえば，図 6.2(c) の第 2 励起状態は，フォノンが 2 個励起された状態と見なすのである（図 6.2(d) 参照）．本書では証明しないが，フォノンはボース粒子（スピンが整数の量子力学的粒子）と見なされるため，1 つの量子状態を何個でも占めることができる．以後は，このような見方を取ることとしよう．このような見方をした場合，n_k は励起したフォノン（エネルギー $\hbar\omega_k$）の個数を意味する．

振動数 ω_k のモードに対応する振動子は，周囲（環境あるいは熱浴）とエネルギーのやり取りを行う．温度が T のときに，どれくらいの数のフォノンが励起されているであろうか．この平均値を与えるのが**プランク**（Planck）の**分布関数**であり，次のように表される．

$$n(\omega_k) = \frac{1}{e^{\hbar\omega_k/k_{\mathrm{B}}T} - 1} \tag{6.28}$$

格子振動の波は，格子波という波の性質と，フォノンという粒子的な性質の両方を持っている．後述するように，電子も粒子的な側面だけではなく，波動的な側面を持つ．これら波動性と粒子性の2重性が量子力学の本質である．

《**発展 1**》 式(6.28)は，その名が示す通り，プランクが熱放射の問題を考えたときに見出した式である．熱放射の問題では，式(6.28)は振動数 ω の（空洞モードにある）フォトンの数であり，電磁場のエネルギー量子である．それとまったく同じ式が固体中の格子振動現象の中に現れているわけである．ここに物理の普遍性が現れている．

一方，統計力学によれば，エネルギー ε を持つボース粒子は，**ボース-アインシュタイン**（Bose-Einstein）**の分布関数**に従って分布する．

$$n(\varepsilon) = \frac{1}{e^{(\varepsilon-\mu)/k_{\mathrm{B}}T} - 1} \tag{6.29}$$

ここで，μ は化学ポテンシャルである．式(6.29)を式(6.28)と比較すると，ボース-アインシュタイン分布関数において $\mu = 0$ としたものがプランク分布関数となっている．これは，ボース粒子の典型例であるヘリウム4原子などとは異なり，フォノンは生成・消滅することが可能で，その結果，粒子数が不定であることに関係している．

6-3　固体の比熱：量子統計の基礎

絶対零度では，零点振動を無視すれば（6-1-1項参照），原子はポテンシャルエネルギーが最低の平衡位置に静止している．温度を上げると，熱エネルギーを受け取った原子は平衡位置の周りに振動しだす．温度が高くなればなるほど，振動の振幅は大きくなり，その結果，系の持つエネルギーも高くなる．では，このエネルギーは温度の関数としてどのように表されるであろうか．フォノンの概念を用いると，これを簡単に計算することができる．本節では，この計算を行ってみよう．

調和振動子（振動数は ω）が温度 T に置かれたとしよう．その平均のエネルギーは次のように書かれる．

$$\bar{\varepsilon} = \sum_n P_n \varepsilon_n \tag{6.30}$$

ここで，ε_n は（今考えている）モードに n 個のフォノンが励起された状態のエネルギーであり，次のように書かれる．

$$\varepsilon_n = \left(n + \frac{1}{2}\right)\hbar\omega \quad (n = 0, 1, 2, 3, \cdots) \tag{6.31}$$

P_n はこの状態が実現する確率であり，**ボルツマン**（Boltzmann）**因子**と分配関数 Z の比として次のように書かれる．

$$P_n = \frac{\exp(-\varepsilon_n/k_{\mathrm{B}}T)}{Z} \tag{6.32}$$

ここで，分配関数は次式で与えられる．

$$Z = \sum_{n=0}^{\infty} \exp\left(-\frac{\left(n+\frac{1}{2}\right)\hbar\omega}{k_{\mathrm{B}}T}\right) \tag{6.33}$$

以上より，エネルギーの期待値は次のように計算される．

$$\bar{\varepsilon} = \frac{\sum_{n=0}^{\infty}(n+\frac{1}{2})\hbar\omega\exp[-(n+\frac{1}{2})\hbar\omega/k_{\mathrm{B}}T]}{Z} \tag{6.34}$$

等比級数の和の公式を用いると，Z は次のように計算される．

$$\begin{aligned} Z &= e^{-\hbar\omega/2k_{\mathrm{B}}T}\left(1 + e^{-\hbar\omega/k_{\mathrm{B}}T} + e^{-2\hbar\omega/2k_{\mathrm{B}}T} + \cdots\right) \\ &= e^{-\hbar\omega/2k_{\mathrm{B}}T}\left(1 - e^{-\hbar\omega/k_{\mathrm{B}}T}\right)^{-1} \end{aligned} \tag{6.35}$$

これを用いてエネルギーの期待値を計算すると，熱力学の関係式より次が得られる．

$$\begin{aligned} \bar{\varepsilon} &= k_{\mathrm{B}}T^2\frac{1}{Z}\frac{\partial Z}{\partial T} = k_{\mathrm{B}}T^2\frac{\partial \ln Z}{\partial T} \\ &= \frac{1}{2}\hbar\omega + \frac{\hbar\omega}{e^{\hbar\omega/k_{\mathrm{B}}T} - 1} \\ &= \frac{1}{2}\hbar\omega + n(\omega)\hbar\omega \end{aligned} \tag{6.36}$$

ここで $n(\omega)$ は，前節で導入されたプランクの分布関数である．

プランクの分布関数は，励起されたフォノンの平均値を表す．したがって，式 (6.36) の第 2 項は，フォノンの平均エネルギーを与える．(なお第 1 項は，零点振動エネルギーである．) 最初からプランクの分布関数を用いていれば，途中の計算を行うことなく，最後の結果 (6.36) が得られたであろう．これは，最初は理解するのが難しい概念でも，いったんそれを理解してしまえば，物理を簡単に見通すことができることを示す好例となっている．

式 (6.36) を図示すると，図 6.3(a) のようになる．絶対零度では零点振動エネルギーに等しい．一方，高温領域では，次のような展開が許される．

$$\begin{aligned}\bar{\varepsilon} &= \frac{1}{2}\hbar\omega + \hbar\omega\left[\frac{\hbar\omega}{k_{\mathrm{B}}T} + \frac{1}{2}\left(\frac{\hbar\omega}{k_{\mathrm{B}}T}\right)^2 + \cdots\right]^{-1} \\ &= \frac{1}{2}\hbar\omega + k_{\mathrm{B}}T\left[1 - \frac{1}{2}\frac{\hbar\omega}{k_{\mathrm{B}}T} + \cdots\right] \\ &\simeq k_{\mathrm{B}}T \end{aligned} \tag{6.37}$$

これより，エネルギー量子 $\hbar\omega$ より十分高温では ($T \gg \hbar\omega/k_{\mathrm{B}}$)，エネルギーが温度に比例して増大することがわかる．これは古典的な**エネルギー等分配則**と合致する．すなわち，調和振動子では運動エネルギーとポテンシャルエネルギーは両方とも熱エネルギーとして $\frac{1}{2}k_{\mathrm{B}}T$ を持つため，全エネルギーは $k_{\mathrm{B}}T$ になる．以上より，温度 $\hbar\omega/k_{\mathrm{B}}$ は，量子論的な低温領域と古典論的な高

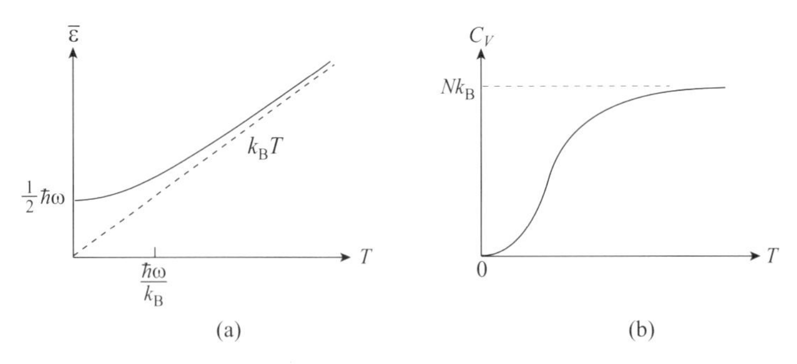

図 6.3 (a) 平均エネルギーの温度依存性と (b) 比熱 C_V の温度依存性.

温領域を分ける目安を与えることに気付くであろう．

ここまでは，ある特定のモードについて考えた．結晶の中には自由度の数 N に等しい数のモードがある．各モードを波数 k で区別しよう（$\bar{\varepsilon} \to \bar{\varepsilon}_k$）．そうすると，モードについて加え上げた全エネルギー E は次のように書かれる．

$$E = \sum_k \bar{\varepsilon}_k \tag{6.38}$$

これより（定積）比熱が次のように計算される．

$$C_V = \frac{dE}{dT} \tag{6.39}$$

簡単な例として，すべてのモードが同じ振動数 ω_{E}（**アインシュタイン振動数**）を持っていたとしよう（これは**アインシュタイン・モデル**と呼ばれる）．このとき比熱は次のように計算される．（ここでは，計算については読者に委ね，結果のみを示す．）

$$C_V = N\frac{d\bar{\varepsilon}}{dT} = Nk_{\mathrm{B}}\left(\frac{\Theta}{T}\right)^2 \frac{e^{\Theta/T}}{(e^{\Theta/T}-1)^2} \tag{6.40}$$

ここで，$\Theta = \hbar\omega_{\mathrm{E}}/k_{\mathrm{B}}$ であり，**アインシュタインの特性温度**と呼ばれる．絶対零度では，熱力学から期待されるように，比熱はゼロである．温度が上昇するにつれ，比熱は指数関数的に（$C_V \propto e^{-\Theta/T}$）増大する．温度が Θ より十分高くなると，古典論から期待される値 Nk_{B} に近づく．この温度依存性の概略が図 6.3(b) に与えられている．

3 次元への拡張は簡単である．単一の元素から成り立つ結晶を考え，その中に N 個の単位格子（ユニットセル）があるとする．各元素は 3 個の自由度を持つから，結晶全体では $3N$ 個の自由度が存在する．したがって，上の 1 次元における計算結果において $N \to 3N$ と変換すればよい．すると，高温領域の比熱は $3Nk_{\mathrm{B}}$ となり，**デューロン-プチ**（Dulong-Petit）**の法則**と一致する．

固体の比熱が温度を下げるにつれどんどん小さくなるという実験事実を，100 年ほど前の物理学者は説明できないでいた．アインシュタインは，プランクの斬新なアイディアを固体に適用することにより，難問を見事に解決した．これは，プランクの量子仮説が正しいことを示すものでもあった．

《**発展 2**》 格子振動の分散関係は図 6.4(a) のようになっている．すなわち，長波長（波数の小さいところ）の領域では，$\omega = vk$（v は音速）のような線形関係が成り立っている．これに対し，アインシュタインの理論では，すべての振動モードが同じ振動数 ω_{E} で振動すると仮定されている（図 6.4(b) 参照）．この場合の比熱が低温で指数関数的な温度依存性を示すことは，式 (6.40) の低温極限を計算することによって確かめられる．しかし，実験は比熱が低温で T^3 のベキ乗則を示す．この矛盾を解決したのがデバイ（Debye）である．デバイは，すべての振動モードが同じ振動数で振動するのではなく，図 6.4(c) に示したような分散関係を持つと仮定した．すなわち，線形の分散関係が**デバイ振動数** ω_{D} [3] と呼ばれる最高振動数まで続くと仮定した．このように仮定することで，デバイは実験と矛盾しない比熱を説明することができた．

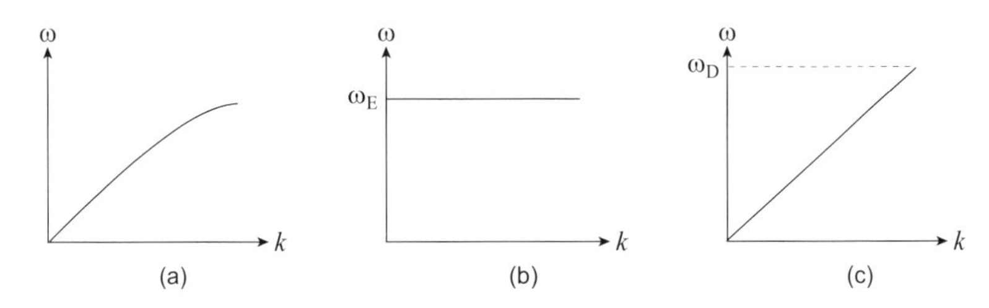

図 6.4 アインシュタイン・モデルとデバイ・モデル．

[3] デバイの切断（カットオフ）周波数とも呼ばれる．

第7章

波と粒子に折り合いをつける
——波束という概念

空間に拡がった波と空間に局在した粒子の概念は，私たちの日常経験する自然現象を理解するには完全である．しかし，量子力学の対象物である電子や光は，実験によって波動に見えたり粒子に見えたりする．この両極端の考え方の折衷案（相補性）として波束の概念を用いることは有用である．本章では，波束に関する基礎事項を学ぶ．

7-1　波と粒子

前章まで，力学の基本問題であるバネの考え方を固体に拡張し，格子振動の波について考えてきた．波動を特徴づける物理量として振動数と波数があげられるが，これら2つの関係を表したものが分散関係である．格子振動を量子力学的に扱うとエネルギーが離散化した．これより私たちは，エネルギーの塊を持った粒子が存在すると考え，それをフォノンと名付けた．このフォノンは，同じ量子状態（“座席” とみなせばよい）にいくつでも入ることができるボース粒子の一種である．

一方，フォノンは，フォトン（光子）と同じように，エネルギーだけでなく運動量をも持つ．フォトンの場合であれば，運動量の大きさは $\hbar\omega/c$（c は光速）であり，非分散性の分散関係 $\omega = ck$ から，運動量は

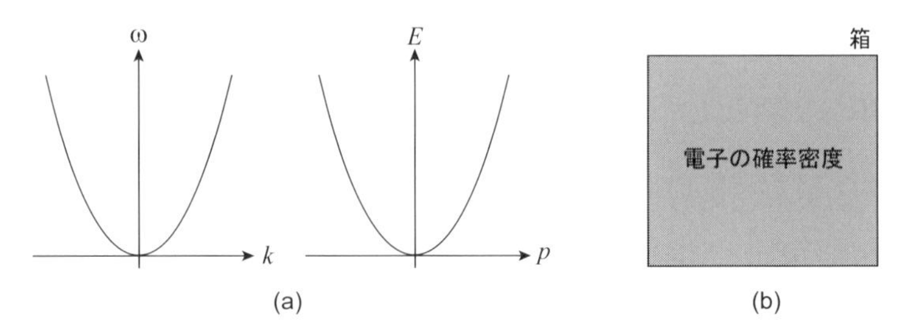

図 7.1 (a) 自由粒子に対する分散関係と (b) 箱の中に閉じ込められた“量子力学的な電子”の存在確率（電子を見つけ出す確率）．本文では 1 次元であるが，図では 2 次元を考えている．

$$\boldsymbol{p} = \hbar \boldsymbol{k} \tag{7.1}$$

と求まる．フォノンの場合は，結晶という周期的な環境の中にあるため，問題は複雑になる．すなわち，波数 $\boldsymbol{k}$ のフォノンは，逆格子ベクトル $\boldsymbol{G}$ を加えたフォノン $\boldsymbol{k}+\boldsymbol{G}$ と区別不可能であり，通常の運動量とは区別される．このように，フォノンの運動量は一義的には決まらないものの，定義は可能であり，**結晶運動量**と呼ばれている．

分散関係とは振動数 ω と波数 k の関係であったが，式 (6.27) および (7.1) からわかるように，エネルギー E と運動量 p の関係といってもよい（図 7.1(a) 参照）．たとえば，次章以降で電子について学ぶが，粒子が外界から何の力も受けない（自由粒子の）場合は，エネルギーは次のように書き表される．

$$E = \frac{1}{2} m \boldsymbol{v}^2 = \frac{1}{2m} \boldsymbol{p}^2 \tag{7.2}$$

このエネルギーと運動量は粒子を特徴づける物理量であるから，読者は古典的な粒子を想像されるかもしれない．しかし，これには注意を要する．古典的な粒子であれば，運動量だけでなく位置も同時に確定する．これに対し，量子力学的な粒子では，以下に示すように，位置は完全に不定である．長さ L の（1 次元の）箱に閉じ込められた自由粒子を考えよう．波数（運動量）が確

定した自由粒子の波動関数は次の平面波で表される.[1)]

$$\psi = \frac{1}{\sqrt{L}} e^{ikx} \tag{7.3}$$

この電子をある場所 x に見出す確率は

$$|\psi|^2 = 1 \tag{7.4}$$

であり，場所に依らない（図 7.1(b) 参照）．これは，電子の大きさが箱中に拡がった存在であることを示しているわけではなく，粒子を見つけ出す確率が場所に依らないということを意味している．波動関数 ψ（すなわち確率密度）が箱中に拡がっていることは，波数が確定していることによって，位置が完全に不確定（$\Delta x \sim \frac{1}{\Delta k} \to \infty$）であることを示している．

では私たちは，素朴な古典的描像（運動量も位置も確定できるとする“直観的な理解”）を捨て去らねばならないのだろうか．答えは否である．次節以降で**波束**という概念を考えよう．

7-2　フーリエ変換と波束

図 7.2(a) に示したように，弦を伝わるパルス状の波（空間の狭い領域に存在する波）を考えよう．フーリエ変換の考え方によれば，どんな波も正弦波および余弦波の重ね合わせで書き表される．図 7.2(a) のパルス波も，図 7.2(b) に示したような余弦波の重ね合わせで書けるであろう．なぜなら，$x = 0$ の近傍に山を持つ余弦波を集めれば，$x = 0$ 近傍は山が集まって大きな振幅となるのに対して，$x = 0$ から離れた場所では山と谷が打ち消し合って振幅が

1) 1 次元の“平面波”とはイメージがしにくいかもしれないが，後述の式 (8.14) の 1 次元版と考えられたい．

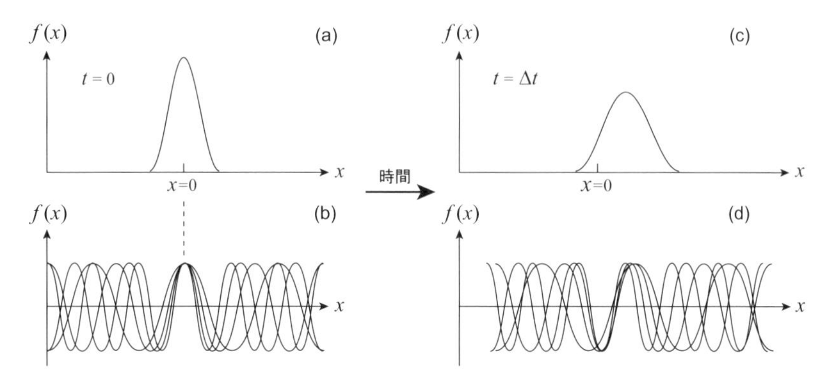

図 **7.2**　x 軸の正方向に進む波束とその時間発展.

小さくなるからである.

これを数学的に表現してみよう．今考えているパルス波 $f(x)$ は $x=0$ に関して対称であるから，余弦波だけの重ね合わせで書かれるはずである．したがって，式 (5.34) において，指数関数を余弦関数で置き換える.

$$f(x)=\frac{1}{2\pi}\int_{-\infty}^{\infty}F(k)\cos kxdk \tag{7.5}$$

「パルス波 $f(x)$ は余弦波だけの重ね合わせで書かれる」ことを数学的に表現すると，この式のようになるわけである．具体的な例として，パルス波 $f(x)$ がガウス（Gauss）関数（ガウシアンとも呼ばれる）で記述されるとしよう.

$$f(x)=e^{-\frac{x^2}{2\sigma^2}} \tag{7.6}$$

このガウス関数は，$x=0$ にピークを持ち，その幅は 2σ で与えられる．このフーリエ成分を求めること（つまりフーリエ変換を行うこと）は読者に委ね，結果だけを書き表そう.

$$F(k)=\sqrt{\frac{2}{\pi}}\sigma e^{-\frac{1}{2}\sigma^2k^2} \tag{7.7}$$

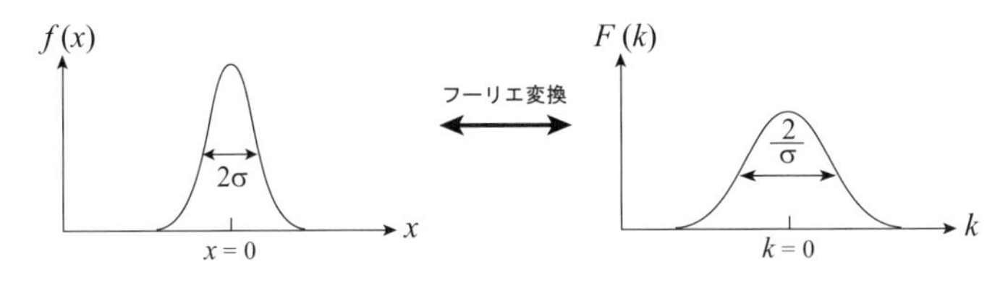

図 7.3　ガウス関数のフーリエ変換.

これもまたガウス関数であり，$k = 0$ を中心に幅 $2/\sigma$ のピークを持つ．すなわち，ガウス関数のフーリエ変換はガウス関数となる．これらの関係を図示したのが図 7.3 である．

ここで次のことに注意しよう．パルス波が狭い場所に局在していればいるほど σ は小さくなる．このとき，フーリエ変換 $F(k)$ のピーク幅は広くなる．このことは，局在したパルス波を作るためには，色々な波数を持った余弦関数を重ね合わさなければならないことを意味する．逆に，空間的に拡がった波を作ろうと思えば，限られた波数領域の余弦波だけを使えばよい．

【補足 1】 $f(x)$ の幅 Δx は 2σ 程度であり，$F(k)$ の幅 Δk は $2/\sigma$ 程度である．これらの積は $\Delta x \Delta k = 4$ となるので，Δx と Δk の両方を同時に小さくすることはできない．(これは量子力学の不確定性原理の表現になっている．) たとえば（前節で平面波に対し見たことであるが），1 次元における進行波 $\cos(kx - \omega t)$ は，ただ 1 つの波数 k によって指定される状態（$\Delta k \to 0$）であると同時に，空間全体に拡がっている状態（$\Delta x \to \infty$）でもある．

今度は逆に，$F(k)$ を（次のように）決めてから $f(x)$ を求めてみよう．

$$F(k) = \begin{cases} 1 & (k_1 < k < k_2 \text{ のとき}) \\ 0 & (k < k_1,\ k > k_2 \text{ のとき}) \end{cases} \tag{7.8}$$

このように限られた領域の波数を持つ余弦波から合成される（実空間の）波動関数は，次の (逆) フーリエ変換によって得られる．

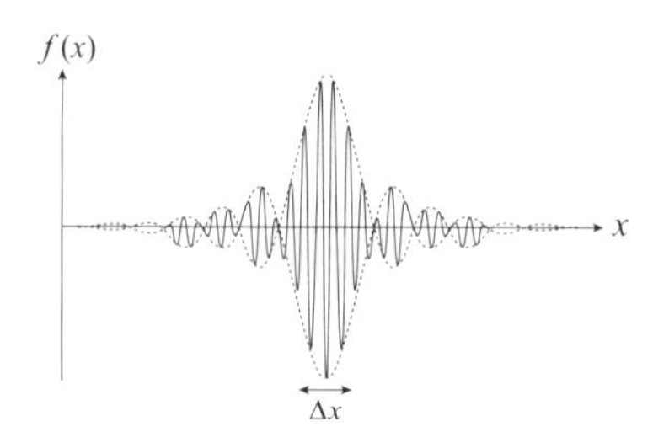

図 **7.4** 波束の概念図．実空間の局在した領域に存在する．

$$\begin{aligned} f(x) &= \int_{-\infty}^{\infty} F(k)\cos kx dk = \int_{k_1}^{k_2} \cos kx dk \\ &= \frac{1}{x}(\sin k_2 x - \sin k_1 x) = \frac{2}{x}\sin\left(\frac{k_2-k_1}{2}x\right)\cos\left(\frac{k_2+k_1}{2}x\right) \end{aligned} \tag{7.9}$$

これを図示すると図 7.4 のようになる．$\Delta k = k_2 - k_1$ が大きい場合には，予想通り,（実空間の）狭い領域に局在した波となる．このように，実空間でも波数空間でも局在したパルス状の波は波束と呼ばれる．式 (7.9) においては，包絡線部分を表す $\sin\left(\frac{k_2-k_1}{2}x\right)$（破線部）が波束に対応する．

7-3　群速度と位相速度

前節では，時刻を固定して，空間的な波形がどうなるかをみた．本節では，進行する波束の時間変化について考えよう．

x 軸の正方向に進む波束は次のように書き表される．

$$f(x,t) = \int_{k_1}^{k_2} \cos(kx - \omega t)dk \tag{7.10}$$

格子波のように分散性の波の場合は，ω と k の関係を与えないと，積分を計算できない．積分領域の k_1 と k_2 は互いに近い値であるとして，ω を k_0（$k_1 < k_0 < k_2$）の近傍で，次のようにテイラー（Taylor）展開しよう．

$$\omega(k) \simeq \omega_0 + \frac{d\omega}{dk}(k - k_0) + \cdots \tag{7.11}$$

ここで，$\omega_0 = \omega(k_0)$ である．$\frac{d\omega}{dk} = v_g$ と置き換えて計算を進めると，次のようになる．

$$\begin{aligned} f(x,t) &= \int_{k_1}^{k_2} \cos\left[k(x - v_g t) - (\omega_0 - v_g k_0)t\right] dk \\ &= \frac{\sin[k_2(x - v_g t) - (\omega_0 - v_g k_0)t] - \sin[k_1(x - v_g t) - (\omega_0 - v_g k_0)t]}{x - v_g t} \\ &= \frac{2}{x - v_g t} \sin\left(\frac{k_2 - k_1}{2}(x - v_g t)\right) \cos(k_0 x - \omega_0 t) \end{aligned} \tag{7.12}$$

包絡線部分に着目すると，時間依存性は次のようになる．

$$\sin\left(\frac{k_2 - k_1}{2} x\right) \to \sin\left(\frac{k_2 - k_1}{2}(x - v_g t)\right) \tag{7.13}$$

これは，波束の中心が t 時間経過後，$x = v_g t$ まで移動したことを表している．したがって，分散関係の勾配として次式のように定義される速度

$$v_g = \frac{d\omega}{dk} \tag{7.14}$$

は波束の進む速さを表していることになる．これを**群速度**と呼ぶ．

次に，細かい振動に対応する cos の部分に着目する．$k_0 = \frac{k_1 + k_2}{2}$ と置くと，時間依存性は次のようになる．

$$\cos(k_0 x) \to \cos(k_0 x - \omega_0 t) = \cos k_0 \left(x - \frac{\omega_0}{k_0} t\right) \tag{7.15}$$

この式は，波束の内部の細かい振動が速さ

$$v_\phi = \frac{\omega_0}{k_0} \tag{7.16}$$

で進むことを表している．これは，4-1 節で学んだ位相速度である．

非分散性の波である場合は，$\omega = vk$ であるから，群速度と位相速度は一致

する．真空中の光などがその典型例である．一方，格子波は分散性の波であるから，群速度と位相速度は一致しない．このような場合，波束はどのような時間依存性を示すであろうか．次のようなたとえが有効かもしれない．マラソン競争を思い浮かべよう．スタートして間もなくは，選手は集団として移動する．これはちょうど波束のようなものである．時間が経つにつれ，速い（大きな位相速度を持った）選手と遅い（小さな位相速度を持った）選手の差が露わになり，集団は長い列を作るであろう．これは，波束が拡がってきたことに対応する（図 7.2(c)(d) を参照）．もっと時間が経てば，波束は消滅するかもしれない．もし全ての選手が同じ速さであれば（つまり非分散性の波であれば），波束はいつまでもその形を保つであろう．

7-4　量子論と古典論

ここまで学んだことを整理しよう．量子力学では自由粒子は平面波で記述され，その波数 k は 1 つの値に確定している（すなわち $\Delta k = 0$）．不確定性原理を考えると，これは位置 x が不定（すなわち $\Delta x \sim \frac{h}{\Delta p} \sim \frac{1}{\Delta k} \to \infty$）であることを意味する．この位置が不定であることは，確率密度を表す波動関数が空間全体に拡がっていることを意味する（図 7.1(b) 参照）．一方，自由粒子を “ある場所に局在した存在”（いわゆる粒子）と考えると，運動量が不確定（すなわち $\Delta p \sim \frac{h}{\Delta x} \to \infty$）になってしまい，想像を超えた存在となってしまう．不確定性原理を考えなくてよいのであればこのような困難は生じないが，素粒子に対しては量子力学からの要請である不確定性関係を無視するわけにはいかない．

電磁波の一種である光を粒子と捉えることは日常経験からは受け入れがたい気もするが，光電効果の実験は光の粒子性を如実に物語っている．一方，電子を粒子として捉えることは許容できても，波として捉えることには違和感があるかもしれない．しかし，2 重スリットの実験は，電子の波動性を明白に示すものである（8-1 節参照）．このように考えると，量子力学の対象物は，私たちの直観のきかない（古典論で理解できない）厄介なものに見える．しかし，波束の概念を用いると，この厄介さは多少なりとも解消されるであろう．図 7.4 に示すように，波束は空間のある領域（幅 Δx 程度）に拡がっている．そしてそれは，時間とともにある運動量（波数と等価）で進んでいく．もちろん，運動量（波数）は完全には確定せず，ある不確定さを持っている．これらの不確定性は，波束の進む軌道が幅を持ったぼやけたものであることを意味している（図 7.5(a) 参照）．これは，卓球のゲームで経験しているように，古典粒子の軌跡（すなわち 1 本の細い線）とは異なるが（図 7.5(b) 参照），量子力学と古典力学を対応づけるにはきわめて有用である．これは**対応原理**と呼ばれる [1]．

以下の章では電子について学ぶが，波数（あるいは運動量）の確定した波であるとする波動的描像と，運動量も位置も確定した古典的な粒子の描像の両方を用いることとなる．後者の見方が許されるのは，対応原理があるからである．

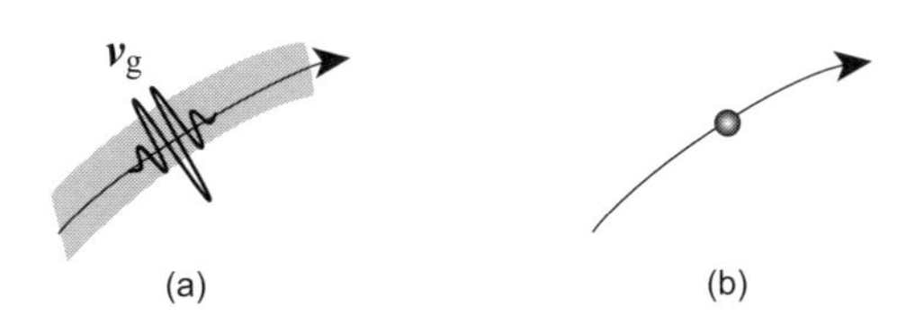

図 7.5　(a) 波束の運動の軌跡と (b) 古典粒子の運動の軌跡の比較．

第8章

電子を波として見る
——自由電子モデル

本章では，電子に対し量子力学的考察を加え，電子の状態を表す波動関数に対する理解を深める，また，物性物理学の基礎となるフェルミ統計や自由電子モデルについて学ぶ．フェルミ統計の結果として得られる電子比熱やパウリ常磁性などの基礎知識を習得する．

8-1　電子の波動関数

8-1-1　複素数の波動関数

私たちは,「電子とは小さな粒子である」という先入観念に囚われているかもしれない．しかし，近年目覚ましい進歩を遂げている実験技術を用いると，この考えが単純に過ぎることがわかる．電子銃から電子線を発射して2重スリットを通し，スクリーン上に到達させる実験を行う [2]．電子線の強度を弱くし電子の数を絞ると，スクリーンに到達した電子は，ぽつりぽつりと点状に光る．これはまさに粒子性の現れである．時間をかけ実験を続けると，電子が多く到達して明るく光るところと，電子がほとんど来ないため暗いままのところに分かれる．時間がたてばたつほど，その縞状の模様が顕著になってくる．これはちょうど光の2重スリットにおける干渉パターンと同じものであり，電子の波動性を示す．

波動性は波動関数によって記述され，その波動関数は，次の（時間に依存する）シュレーディンガー方程式によって決定される．

$$\left(-\frac{\hbar^2}{2m}\frac{\partial^2}{\partial x^2}+U(x)\right)\psi(x,t)=i\hbar\frac{\partial}{\partial t}\psi(x,t) \tag{8.1}$$

ここで，$U(x)$ はポテンシャルエネルギーである．また，簡単のため 1 次元とした．外から何の力も受けない**自由電子**であれば，ポテンシャルエネルギーは一様（$U(x)=$ 定数）である．以下では，簡単化し，$U(x)=0$ と置くことにする．このときのシュレーディンガー方程式 (8.1) の解を探そう．ためしに，格子振動の進行波解 $\cos(kx-\omega t)$ を式 (8.1) に代入すると，

$$\text{左辺}=\frac{\hbar^2}{2m}k^2\cos(kx-\omega t),\quad \text{右辺}=i\hbar\omega\sin(kx-\omega t) \tag{8.2}$$

となり，シュレーディンガー方程式を満たさない．右辺にのみ虚数単位 i が入っていることを考えれば，当然の結果である．もちろん，cos を sin に変えても事情は変わらない．では，これら 2 つの関数と虚数単位を組み合わせた次の関数はどうであろうか．

$$\cos(kx-\omega t)+i\sin(kx-\omega t) \tag{8.3}$$

これを代入すると次のようになる．

$$\begin{aligned}\text{左辺}&=\frac{\hbar^2}{2m}k^2\left(\cos(kx-\omega t)+i\sin(kx-\omega t)\right),\\ \text{右辺}&=\hbar\omega\left(i\sin(kx-\omega t)+\cos(kx-\omega t)\right)\end{aligned} \tag{8.4}$$

したがって，次の条件

$$\hbar\omega=\frac{\hbar^2k^2}{2m} \tag{8.5}$$

が満たされれば，仮定した式 (8.3) は解となる．このように，量子力学の世界を記述するシュレーディンガー方程式の解は必ず複素数となる．この意味に

ついては，また後で考えよう．

次のオイラーの公式を思い出そう．

$$e^{i\theta} = \cos\theta + i\sin\theta \tag{8.6}$$

ここで，θ は位相であり，物理の色々な場面で重要な役割を果たす．式 (8.3) にオイラーの公式を適用すれば，次が得られる．

$$\psi(x,t) = Ae^{i(kx-\omega t)} \tag{8.7}$$

ここで，振幅 A は規格化定数（実数）である．量子力学では，三角関数ではなく，指数関数で表すのが通常である．早くこの書き方に慣れることが大事である．

式 (8.7) は平面波であり，波数ベクトル（の大きさ）k は一定である．量子力学では，運動量の期待値 $\langle p\rangle$ は，演算子 $-i\hbar\frac{\partial}{\partial x}$ の期待値として求まる．これを計算すると，

$$\begin{aligned}\langle p\rangle &= \int \psi(x,t)^* \left(-i\hbar\frac{\partial}{\partial x}\right)\psi(x,t)dx \\ &= \int \psi(x,t)^* \left(\hbar k\right)\psi(x,t)dx = \hbar k \end{aligned} \tag{8.8}$$

となる．ここで，$\psi(x,t)^*$ は $\psi(x,t)$ の複素共役を表し，次のように書けることを用いた．

$$\psi(x,t)^* = Ae^{-i(kx-\omega t)} \tag{8.9}$$

したがって，平面波 (8.7) は，一定の運動量 $\hbar k$ を持って進む波であることがわかる．一方，場所 x に電子を見つけ出す確率は，

$$|\psi(x,t)|^2 = \psi(x,t)^*\psi(x,t) = A^2 \tag{8.10}$$

と定数となり，場所によらない．これは電子の位置がまったく不定であることを意味する．この解釈については既に前章でふれた．運動量が確定値を持ち，位置がまったく不定であることは，不確定性原理からの帰結である．

$$\Delta p \Delta x \sim \hbar \tag{8.11}$$

運動量は粒子の属性であり，波数（あるいは波長 $\lambda = 2\pi/k$）は波動の属性である．式 (8.8) は，これら 2 つの属性をプランク（Planck）定数を介して結び付けている.[1] このようにして，量子力学においては，粒子性と波動性という 2 重性（2 面性）を持つことが結論される．

シュレーディンガー方程式の解が複素数であることは，きわめて重要な意味を持つ．電子の流れ（すなわち電流）は，次式の**確率の流れの密度**と呼ばれるものに比例する．

$$j = \frac{\hbar}{2mci}\left(\psi^* \frac{\partial \psi}{\partial x} - \frac{\partial \psi^*}{\partial x}\psi\right) \tag{8.12}$$

もし波動関数が実関数であれば，$\psi^* = \psi$ であるから，$j = 0$ となってしまう．言い換えれば，この世の中に電流というものは存在しなくなってしまう．これはもちろん実際とは異なっている．この矛盾を解決するためには，波動関数は複素数でなければならない．

8-1-2　平面波を特徴づける量子数としての波数

（1 次元の系における）自由電子のシュレーディンガーの方程式は，式 (8.1) で $U = 0$ と置いたものであり，その解は式 (8.7) で与えられている．次に，実際の状況（3 次元固体）に近づけるため，3 次元空間を考える．このとき，シュ

[1] これは，ドゥブローイ（de Broglie）によって初めて導入された．

レーディンガー方程式は次のように書かれる．

$$-\frac{\hbar^2}{2m}\nabla^2\psi(x,y,z) = -\frac{\hbar^2}{2m}\left(\frac{\partial^2}{\partial x^2}+\frac{\partial^2}{\partial y^2}+\frac{\partial^2}{\partial z^2}\right)\psi(x,y,z) = E\psi(x,y,z) \tag{8.13}$$

ここで，時間に依存しない定常状態を考えるため，右辺をエネルギー E で置き換え，波動関数の引数を x, y, z だけにし，時間 t を省いた．

このシュレーディンガー方程式の解は，次の形の平面波である．

$$\psi(x,y,z) = \frac{1}{\sqrt{V}}e^{i(k_x x + k_y y + k_z z)} = \frac{1}{\sqrt{V}}e^{i\boldsymbol{k}\cdot\boldsymbol{r}} \tag{8.14}$$

ここで，V は体積である．これは，式 (8.14) を式 (8.13) に代入することで簡単に確かめられる．[2] 微分方程式を完全に解くためには，境界条件を設定する必要がある．金属を一辺の長さが L の立方体と考える．金属の外には電子は出られないから，次のような境界条件が考えられる．

$$\begin{aligned} &\psi(0,y,z) = \psi(L,y,z) \\ &= \psi(x,0,z) = \psi(x,L,z) \\ &= \psi(x,y,0) = \psi(x,y,L) = 0 \end{aligned} \tag{8.15}$$

これは，2-1-2 項の固定端の境界条件に対応する．この条件の下で計算を進めても構わないが，ここでは次の周期的境界条件を採用する．

$$\begin{aligned} \psi(0,y,z) &= \psi(L,y,z) \\ \psi(x,0,z) &= \psi(x,L,z) \\ \psi(x,y,0) &= \psi(x,y,L) \end{aligned} \tag{8.16}$$

周期的境界条件に関する直観的描像については，図 4.4 を参照されたい．境

[2] 式 (8.14) の規格化因子は，金属全体にわたる積分が 1（$\int_{\text{金属全体}} |\psi(x,y,z)|^2 dxdydz = 1$）になるように選ばれている．

界条件 (8.16) を式 (8.14) に適用すると，次式が得られる．

$$
\begin{aligned}
k_x &= \frac{2\pi n_x}{L} \quad (n_x = 0, \pm 1, \pm 2, \cdots) \\
k_y &= \frac{2\pi n_y}{L} \quad (n_y = 0, \pm 1, \pm 2, \cdots) \\
k_z &= \frac{2\pi n_z}{L} \quad (n_z = 0, \pm 1, \pm 2, \cdots)
\end{aligned} \tag{8.17}
$$

また，エネルギーは次のように求まる．

$$
E = \frac{\hbar^2}{2m}({k_x}^2 + {k_y}^2 + {k_z}^2) = \frac{h^2}{2mL^2}({n_x}^2 + {n_y}^2 + {n_z}^2) \tag{8.18}
$$

一組の (n_x, n_y, n_z) の値は状態を指定する量子数であり，それに対して 1 つのエネルギー準位が対応する．これを図に示すと，図 8.1(a) のようになる．

ここで，(k_x, k_y, k_z) の組を波数空間上の点と考えると（以下では $2\pi/L$ を単位とする），図 8.1(b) のように書かれる（図で k_z 方向は省略した）．原点は $(k_x, k_y, k_z) = (0, 0, 0)$ に対応し，図 8.1(a) に示したように，最低エネルギーの状態である．次にエネルギーの高い状態は，$(k_x, k_y, k_z) = (\pm 1, 0, 0) = (0, \pm 1, 0) = (0, 0, \pm 1)$ であり，原点から等距離のところにある．k_x などを 1 ずつ変化させていくことにより，すなわち格子上に点を配置することにより，

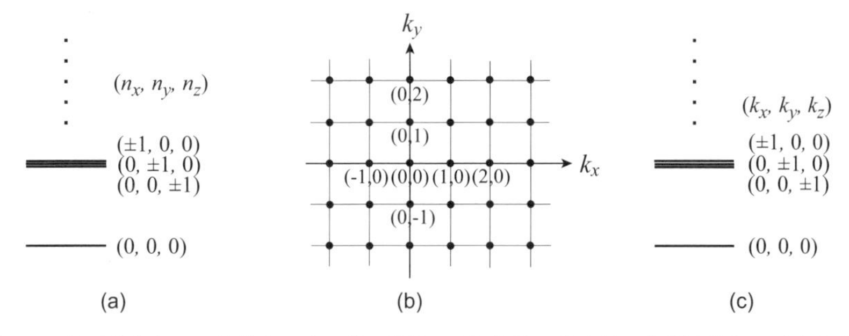

図 8.1　量子数としての波数とエネルギー準位．(a) 整数の組を用いた量子数と，対応する状態のエネルギー準位．(b) 波数空間上にプロットされた波数の組．3 次元空間における 2 次元の断面に対応する．(c) 波数の組で表された量子数と，対応する状態のエネルギー準位．

波数空間上の点 (k_x, k_y, k_z) の配列が決定される．これらの量子数によって指定される量子状態のエネルギーは，図 8.1(c) に示されたようになる．

8-1-3　スピンとゼーマン効果

量子力学によれば，電子は（運動量や波数ベクトルによって記述される）軌道運動だけでなく，**スピン**と呼ばれる自由度も持っている．このスピンは，しばしば地球の自転にたとえられる．（地球の公転運動が軌道運動に対応すると考える．）しかし，この考え方は厳密には正しくはなく，相対論的な量子力学によってスピンは導かれるものである [1, 3]．ただ，直感的なイメージとして描きたいのであれば，スピンを自転と対応づけてもよいであろう．

スピンは，大きさが 1/2 の量子数 s で表される．大きさが 1/2 であるから，その z 成分は，$s_z = 1/2$ と $s_z = -1/2$ の 2 つである．このとき，$s_z = 1/2$ は右回り，$s_z = -1/2$ は左回りの自転と対応させることができ，さらに $s_z = 1/2$ には上向きの矢印，$s_z = -1/2$ には下向きの矢印を対応させることができる（図 8.2(a) 参照）．つまり，スピンは向きを持つベクトル量である．

電子のスピン $\boldsymbol{s}$ は，**磁気双極子モーメント** $\boldsymbol{m}$（ミクロな方位磁石のようなもの；図 8.2(b) 参照）と次の関係を持つ（11-1 節参照）[3]．

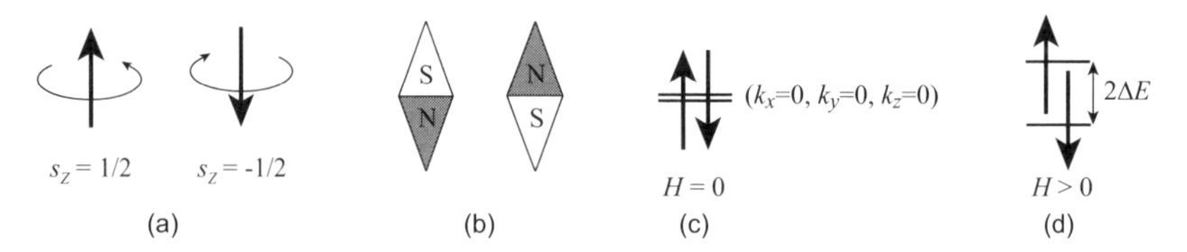

図 8.2　スピンの概念図．(a) スピン量子数は矢印で表される．(b) 2 つのスピンの状態は，磁気双極子（小さな磁石）と等価である．(c) 外部磁場がなければ 2 つの状態は同じエネルギーを持つ．(d) 磁場がかけられると，磁気双極子 $\boldsymbol{m}$ のゼーマン・エネルギーにより，2 つの状態は異なるエネルギーを持つようになる．

$$\boldsymbol{m} = -g\mu_{\mathrm{B}}\boldsymbol{s} \tag{8.19}$$

ここで，g は **g-因子**と呼ばれ，自由電子の場合はほぼ 2 である．また，μ_{B} は**ボーア**（Bohr）**磁子**と呼ばれ，ミクロな磁気双極子モーメントの大きさの基準を与える．式 (8.19) は，スピンを持つ電子がミクロ磁石とみなされることを示す．すなわち，上向きおよび下向きスピンの状態は，N 極が下向きおよび上向きの方位磁石と等価である．

電子の状態（つまり波動関数）は，これらスピンの情報（量子数）と，前項で学んだ軌道の情報（量子数）によって完全に（すなわち 1 通りに）指定される．例として図 8.2(c) に示した状況を考えよう．ここには 2 つの状態が記されている．1 つは $(k_x, k_y, k_z) = (0, 0, 0)$ および $s_z = 1/2$ の量子数を持つ状態，もう 1 つは $(k_x, k_y, k_z) = (0, 0, 0)$ および $s_z = -1/2$ の量子数を持つ状態である．これらはエネルギー的に 2 重に**縮退**して（つまり重なって）いる．

外部磁場がなければ，ミクロな磁石である磁気双極子の向きが上向きであろうと下向きであろうとエネルギーは同じである．これに磁場 $\boldsymbol{H}$ を加えたとき，磁気双極子のエネルギー E は次のように書かれる．

$$E = -\boldsymbol{m} \cdot \boldsymbol{H} \tag{8.20}$$

これは，電気双極子モーメント $\boldsymbol{p}$ に電場 $\boldsymbol{E}$ を加えたときのエネルギー $E = -\boldsymbol{p} \cdot \boldsymbol{E}$ に対応するものであり，**ゼーマン**（Zeeman）・**エネルギー**と呼ばれる．式 (8.19) を式 (8.20) に代入することにより，次式が得られる．

$$E = g\mu_{\mathrm{B}}\boldsymbol{s} \cdot \boldsymbol{H} \tag{8.21}$$

磁場を z 軸方向にかけたとすると（つまり $\boldsymbol{H} = (0, 0, H)$ と置くと），式 (8.21) は次のようになる．

$$E = g\mu_{\mathrm{B}} s_z H = \begin{cases} \mu_{\mathrm{B}} H & (s_z = \frac{1}{2}\ \text{のとき}) \\ -\mu_{\mathrm{B}} H & (s_z = -\frac{1}{2}\ \text{のとき}) \end{cases} \tag{8.22}$$

ここで，第2式に移るとき $g = 2$ と置き，スピンの大きさが1/2であることを用いた．この様子を図8.2(d)であり，$2\Delta E = 2\mu_{\mathrm{B}} H$ である．ゼロ磁場で縮退していた準位が磁場によって解かれたことがわかる．これを**ゼーマン効果**と呼ぶ．

8-2　自由電子モデル

8-2-1　フェルミ面

金属の中の電子を考えよう．電子は負の電荷を帯びているから，電子同志には強い斥力が働くと予想される．また，金属の内部には正に帯電したイオン殻が存在するから，これからも電気的な力（相互作用）が働くと予想される．しかし，このような力（相互作用）を考えると，電子の状態（波動関数）を導き出すのはきわめて難しくなる（第11章参照）．したがって，最も簡単な場合として,「電子はどこからも力を受けない」と仮定する．このようなモデルは，**自由電子モデル**と呼ばれる．また，自由電子の集合を**自由電子気体**あるいは**フェルミ気体**と呼ぶ．

金属の中の電子が波数ベクトルで指定される状態を如何に占有していくかを考えよう．このとき,「同一の量子状態に電子は2個入れない」という**パウリ**（Pauli）**の排他原理**が重要な役割を果たす．1個目の電子は，最低エネルギーの状態（波数空間中に定義される“座席”と言い換えてもよい）$(k_x, k_y, k_z) = (0, 0, 0)$ に入る．2個目の電子も原点 $(0, 0, 0)$ に入ることができる．これは，一見すると，同一の状態に2個の電子が配置されていてパウリの原理に反しているかのように見えるかもしれない．しかし，パウリの排他原理は，スピン量子数まで含めて考えているので，軌道量子数 (n_x, n_y, n_z)（あるいは波数 (k_x, k_y, k_z)）は同じでも，スピン量子数（$s_z = 1/2$ と $s_z = -1/2$）が異なっているため問題はない．3個目の電子は，(k_x, k_y, k_z) が $(0, 0, 0)$ 以外の点に入らなければならない．できるだけエネルギーを上げないようにするには，$(1, 0, 0), (0, 1, 0), (0, 0, 1)$ のどれかの状態に入ればよい（エネルギーはみな同じ）．このとき，スピンは上向き下向きのいずれでもよい．

これを電子の数が尽きるまでどんどん繰り返せばよい．原点に近い点から徐々に電子が詰められていくが（図8.3参照），電子の数 N は有限であるから，どこかで詰め終えることになる．すると，電子が詰められている状態（座席）と詰められていない状態（座席）の境界が存在することになる．この境界を**フェルミ面**と呼ぶ（図8.3(a) 参照）．波数空間上の点 (k_x, k_y, k_z) を劇場の座席にたとえるならば，占有されている座席と空席の境界がフェルミ面に対応する．自由電子モデルにおいては，k_x,k_y,k_z 方向は同等であるから，境界は球となる．したがって，自由電子モデルのフェルミ面は球であり（図8.3(b) 参照），**フェルミ球**と呼ばれる．

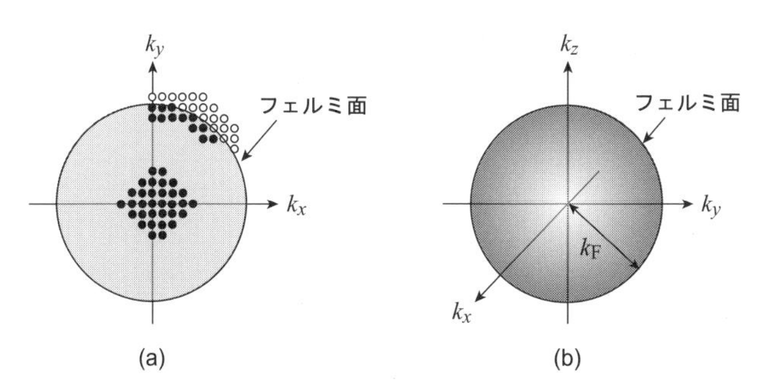

図8.3　フェルミ面の概念図．(a) は k_x-k_y 面の断面図．黒丸は占有された状態，白丸は“空席”の状態を表す．(b) は3次元空間の概略図．k_F はフェルミ波数である．

8-2-2 フェルミ・エネルギー

前項で得た結果をもう少し数学的に考察しよう．電子によって占められた波数ベクトル（座席）のうち，フェルミ面上の点（座席）の座標を $(k_{\rm F}^x, k_{\rm F}^y, k_{\rm F}^z)$ と書くと，それと（波数空間上の）原点との距離は $k_{\rm F} = \sqrt{(k_{\rm F}^x)^2 + (k_{\rm F}^y)^2 + (k_{\rm F}^z)^2}$ と書かれる．この波数空間上の長さ $k_{\rm F}$ は，（自由電子モデルの）フェルミ球の半径を与え，**フェルミ波数**と呼ばれる（図 8.3(b) 参照）．フェルミ面の定義から，この球内に含まれる点（座席）はすべて電子で占有されている．また，隣り合う波数ベクトルの間隔（座席の間隔）は，L の大きい極限では，ゼロに近づく．したがって，$(k_{\rm F}^x, k_{\rm F}^y, k_{\rm F}^z)$ と同じエネルギーを持つ点は多数存在する．[3)]

一般の金属のフェルミ面は球とは限らない．しかしこの場合でも，（後述の）フェルミ準位に対応する波数 $k_{\rm F}$ をフェルミ波数と呼ぶ．ただし，波数空間の方向によって大きさが変わる．以下では簡単のため，自由電子モデルに対応する球状のフェルミ面を考える．

$k_{\rm F}$ 以下の点（座席あるいは状態）はすべて電子で占有されている．この球の体積は $\frac{4\pi}{3}{k_{\rm F}}^3$ であるが，その中に含まれている点の数は，次式で与えられる．

$$\frac{4\pi {k_{\rm F}}^3}{3}\frac{1}{(2\pi/L)^3} = \frac{4\pi}{3}{k_{\rm F}}^3\frac{V}{(2\pi)^3} \tag{8.23}$$

なぜなら，式 (8.17) からわかるように，隣り合う点の間隔が $2\pi/L$ であることから，1 つの点が（波数空間上で）占める体積が $(2\pi)^3/L^3 = (2\pi)^3/V$ であるからである．1 つの点（状態）は上向きと下向きのスピンで占められているから，式 (8.23) で与えられる数の 2 倍が，電子の数 N に等しい．これより，

3) 「同じエネルギーを持つ点が多数存在すること」は “縮退が大きい” と表現される．“フェルミ縮退” については後述の発展 1（図 8.7）を参照されたい．

フェルミ波数は次式のように書かれる．

$$k_{\mathrm{F}} = \left(3\pi^2 \frac{N}{V}\right)^{\frac{1}{3}} \tag{8.24}$$

フェルミ波数に対応する状態（すなわちフェルミ面上の状態）のエネルギーは次式で与えられる．

$$E_{\mathrm{F}} = \frac{\hbar^2}{2m} {k_{\mathrm{F}}}^2 = \frac{\hbar^2}{2m} \left(3\pi^2 \frac{N}{V}\right)^{\frac{2}{3}} \tag{8.25}$$

これは**フェルミ・エネルギー**と呼ばれる．

フェルミ・エネルギーは電子の数 N ではなく，電子密度 N/V の関数である．したがって，1 つの金属を 2 つに分割してもフェルミ・エネルギーは変わらない．

金属中の電子は，絶対零度でもいろいろなエネルギーを持っている．ゼロエネルギーを持った電子（すなわち (0,0,0) の波数を持った電子）が存在する一方，フェルミ・エネルギー（その大きさが如何に大きいかについては下記を参照）を持って動き回っている電子も存在する．後者の電子の数（すなわちフェルミ面上に存在する状態の数）はきわめて多い．

フェルミ・エネルギーの大きさを評価してみよう．たとえば，銅の場合であれば，$N/V \sim 8.5 \times 10^{22}\ \mathrm{cm}^{-3}$ であるから，$E_{\mathrm{F}} \sim 1.1 \times 10^{-11}\ \mathrm{erg}$ 程度である．このような大きさが大きいのか小さいのか見当がつかない．そこで，エネルギーを温度に換算してみよう．そのためには，$E = k_{\mathrm{B}}T$（k_{B} はボルツマン定数）という式を使えばよい．銅の場合であれば

$$T_{\mathrm{F}} = \frac{E_{\mathrm{F}}}{k_{\mathrm{B}}} \sim 82000\ \mathrm{K} \tag{8.26}$$

となる．金や銀などの良導体に対しても同じような値が得られる．この温度 T_{F} は，金属を特徴づける重要なパラメータであり，**フェルミ温度**（**フェルミ縮退温度**）と呼ばれる．私たちが日常接している金属の中を動き回っている

電子の中で最も大きなエネルギーを持っている電子は，温度に換算して数万度に達する大きな運動エネルギーを持っているのである．

次に，フェルミ・エネルギーを速度で表してみよう．そのためには，次の関係式を使えばよい．

$$E_{\mathrm{F}} = \frac{1}{2}m{v_{\mathrm{F}}}^2 \tag{8.27}$$

ここで，v_{F} は**フェルミ速度**と呼ばれ，フェルミ面上の（波数ベクトルを持つ）電子の速度ベクトルである．m として電子の静止質量を使うと，銅に対して $v_{\mathrm{F}} \sim 1.6 \times 10^8$ cm/s となる．これは，$v_{\mathrm{F}} \sim 1.6 \times 10^3$ km/s であり，本州の端から端までを 1 秒で通過する速さである．私たちが手にする金属の中の電子には，このような高速で飛び回っている電子が含まれていることになる．このような結果になったのは，パウリ原理に従って電子を詰めていったために，高エネルギー（したがって高速度）の状態に電子が入らざるを得なくなったためである．

8-3　状態密度

8-3-1　状態密度の定義

これからいろいろな計算を実行する上で必要となる**状態密度**について考えよう．状態密度 $D(E)$ とは，単位エネルギーあたりの状態の数である．これを次のようなたとえ話で理解してみよう（図 8.4(a) 参照）．すり鉢状のコンサートホールを考える．中央に舞台があり，その周りを観客席が囲んでいるとする．最前列の座席のエネルギー（位置エネルギー）はもっとも低く，2 列目の座席はそれよりわずかにエネルギーが高い．3 列目，4 列目 $\cdots$ となるにつれて徐々にエネルギーが高くなる．ある列のエネルギーを E とし，そこか

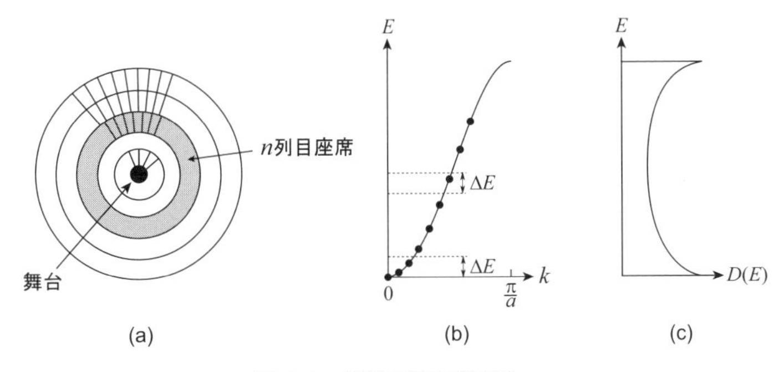

図 **8.4**　状態密度の説明図.

らさらに ΔE だけエネルギーが高い列まで考えたとき，エネルギーが E の列と $E+\Delta E$ の列の間に挟まれた領域にある座席の数は，$D(E)\Delta E$ となる.（この ΔE が微小量であるときは，微分形を用いて $D(E)dE$ と表すことができる.）$\Delta E=1$ と置いたものが $D(E)$ であるから，状態密度とは単位エネルギーあたりの座席数であると思えばよい.

1次元格子を例として，もう少し具体的に考えよう．E-k 曲線は図 8.4(b) で与えられるとする.（ここでは，第1ブリルアン・ゾーンのうち k が正の領域だけを示してある.）許される波数は $\frac{2\pi}{L}$（L は1次元試料の長さ）の整数倍だけであり（式 (8.17) 参照），それらは等間隔で並んでいる．それぞれの波数に対するエネルギーが E-k 曲線上の点で示されている．ここで，状態密度の定義「単位エネルギーあたりの状態の数」を思い出そう．横軸に平行に引かれた破線は，エネルギー範囲 ΔE が単位量である領域（すなわち $\Delta E=1$ の範囲）を示す．この中に含まれる状態の数（波数 k の数つまり曲線上の点の数）を数えると，$k=0$ の近傍の ΔE に含まれる点の数（図 (b) では3個）は，E-k 曲線の中央近傍における点の数（図 (b) では1個）より多い.[4] これ

[4] ここでは概念的なことを考えているので，3個とか1個とかの数字に意味はない．実際には $2\pi/L$ はきわめて小さい量であるから，許される波数の間隔も図よりきわめて小さくなる．その結果，状態の数も，今考えている場合に比べ，桁違いに大きな数となる.

らの数はまさに状態密度を表している．この数，すなわち状態密度 $D(E)$ をエネルギー E の関数として表したのが図 8.4(c) である．

以上の定性的理解を式で表してみよう．電子の数を N と置く．各座席には上向きのスピンの電子と下向きのスピンの電子が入れるから，合計 2 個の電子が入れる．したがって，エネルギーが E と $E+\Delta E$ の範囲の領域に含まれる座席数（状態数）が $D(E)\Delta E$ であるから，その座席を占めている電子の数を ΔN と書くと，次の関係が成り立つ．

$$\Delta N = 2D(E)\Delta E \tag{8.28}$$

ここで係数 2 はスピンの自由度（上向きか下向きかのいずれであるかに対応）に由来する．[5] Δ のついた量を微小量だと考え微分記号を用いると，次のように書き表される．

$$D(E) = \frac{1}{2}\frac{dN}{dE} \tag{8.29}$$

この式が状態密度を計算するときの基礎となる．

8-3-2　自由電子気体の状態密度

例として，1 次元での自由電子気体の状態密度を計算してみよう．フェルミ波数 k_F 以下の座席（状態）は（絶対零度で）すべて電子で占有されているとする．電子の数 N はフェルミ球の中に含まれている状態数の 2 倍に等しい．したがって，式 (8.23) から，

$$N = 2 \times \frac{k_\mathrm{F}}{(2\pi)/L} \tag{8.30}$$

[5] 状態密度には 1 方向スピンあたりの状態密度と，両スピンを含めた状態密度があるので注意を要する．ここでは，1 方向スピンあたりの状態密度を考える．

となる.[6] 状態密度を計算するために，右辺をエネルギーを使って表したい．そのために，次の関係

$$E_{\mathrm{F}} = \frac{\hbar^2}{2m} {k_{\mathrm{F}}}^2 \tag{8.31}$$

を使おう．これを式 (8.30) に代入すると次が得られる．

$$N = \frac{L}{\pi} \sqrt{\frac{2m}{\hbar^2}} \sqrt{E_{\mathrm{F}}} \tag{8.32}$$

式 (8.29) より，状態密度は次のように求まる．

$$D(E_{\mathrm{F}}) = \frac{L}{4\pi} \left(\frac{2m}{\hbar^2} \right)^{\frac{1}{2}} \frac{1}{\sqrt{E_{\mathrm{F}}}} \tag{8.33}$$

ここでは $E = E_{\mathrm{F}}$ すなわち**フェルミ準位**における状態密度を計算したが，式 (8.30) からわかるように，波数 k 以下の状態を占めている電子の数を N と考えれば，式 (8.33) は任意のエネルギーについて成り立つことがわかる．すなわち，一般のエネルギーに対して次が成り立つ.[7]

$$D(E) = \frac{L}{4\pi} \left(\frac{2m}{\hbar^2} \right)^{\frac{1}{2}} \frac{1}{\sqrt{E}} \tag{8.34}$$

このエネルギー依存性の概略を図示したのが図 8.4(c) である．

3 次元の場合は，式 (8.23) から，

$$N = 2 \times \frac{4\pi}{3} {k_{\mathrm{F}}}^3 \frac{V}{(2\pi)^3} = \frac{V}{3\pi^2} \left(\frac{2m}{\hbar^2} \right)^{\frac{3}{2}} {E_{\mathrm{F}}}^{\frac{3}{2}} \tag{8.35}$$

となることを用いればよい．ここで，式 (8.31) を用いた．以上より，(1 方向スピンあたりの）フェルミ準位上における状態密度は次のように求まる.[8]

---

[6] 1 次元では，区間 $(2\pi)/L$ に 1 つの割合で可能な（波数の）状態があることを思い出せばよい．

[7] 両スピンを含めた状態密度は，式 (8.34) の右辺を 2 倍すれば求まる．

[8] 状態密度の定義として，単位体積あたりの状態数が用いられることもある．この場合は，式 (8.36) において $V = 1$ とすればよい．

$$D(E_{\mathrm{F}}) = \frac{V}{4\pi^2}\left(\frac{2m}{\hbar^2}\right)^{\frac{3}{2}}\sqrt{E_{\mathrm{F}}} \tag{8.36}$$

この式は，式 (8.35) と組み合わせることにより，次のように書き表すこともできる．

$$D(E_{\mathrm{F}}) = \frac{3}{4}\frac{N}{E_{\mathrm{F}}} \tag{8.37}$$

任意のエネルギーに対しては次式が得られる．

$$D(E) = \frac{V}{4\pi^2}\left(\frac{2m}{\hbar^2}\right)^{\frac{3}{2}}\sqrt{E} \tag{8.38}$$

これを図示すると，図 8.5(a) のようになる．

図 8.5(a) の曲線を 90 度回転し，スピンごとに左右に分けて描くと図 8.5(b) となる．電子はエネルギーの低い座席（状態）から詰められていき，N 番目の電子はフェルミ・エネルギー E_{F}（統計力学の言葉を用いれば化学ポテンシャル）を持つようになる．上向きスピン電子に対する状態密度 $D_{\uparrow}(E)$ をエネルギーに関して E_{F} まで積分すると（図 (b) の左陰影部面積に相当），電子の数 $N/2$ が得られる．下向きスピン電子に対する状態密度 $D_{\downarrow}(E)$ に関しても同様である．

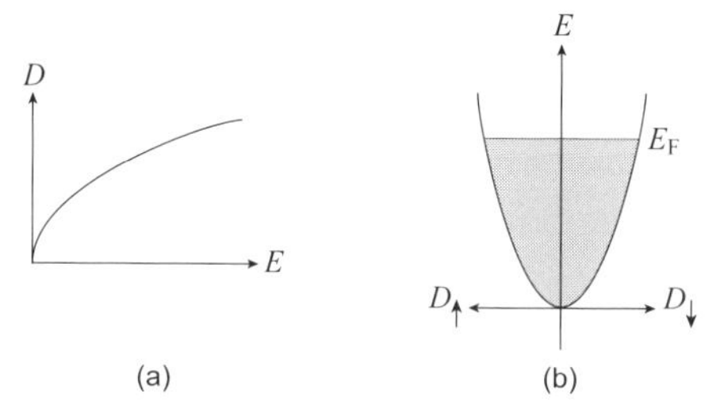

図 8.5　3 次元自由電子気体の状態密度．(a) を 90 度回転させると (b) が得られる．$D_{\uparrow}$ は上向きスピン電子の状態密度，$D_{\downarrow}$ は下向きスピン電子の状態密度を表す．

8-4　量子力学の実験的証明

8-4-1　電子比熱

金属の中には多数（10^{22} cm^{-3}）の電子が含まれている．電子間に働く力（相互作用）を無視する近似（自由電子モデル）では，電子は互いに影響を及ぼすことなく，勝手気ままに運動している．自由電子気体は古典的な理想気体と同じ考え方に基づいているが，その性質は古典理想気体とは質的に異なる．これを見るため，本項では比熱を計算してみよう．

まず，古典物理の考えに従って計算する．比熱はエネルギーの温度微分によって得られるから，エネルギーを温度の関数として表すことを考える．理想気体の原子・分子の平均熱エネルギー E は，温度 T において，1 自由度あたり $\frac{1}{2}k_{\mathrm{B}}T$ である．したがって，3 次元の気体では，$E = \frac{3}{2}k_{\mathrm{B}}T$ となる．これより，N 個の粒子からなる気体の（定積）比熱は

$$C_V = \frac{dE}{dT} = \frac{3}{2}Nk_{\mathrm{B}} \tag{8.39}$$

となる．アボガドロ数 N_{A} 個の粒子からなる気体であれば，上式は $\frac{3}{2}R$（$R = N_{\mathrm{A}}k_{\mathrm{B}}$ は気体定数）となる．

第 10 章で見るように，絶縁体は自由電子（より正確にはブロッホ電子）を含まないため，その比熱は金属と比べ，式 (8.39) の分だけ小さくなるはずである．しかし，室温での実験においては，このような差異は観測されない．この矛盾（実験との食い違い）を解くためには，量子力学が必要である．

まず，**フェルミ分布関数**を次式によって定義しよう．[9]

$$f(E) = \frac{1}{\exp\left(\frac{E-E_{\mathrm{F}}}{k_{\mathrm{B}}T}\right) + 1} \tag{8.40}$$

[9] 式 (8.40) の分母の E_{F} は通常は化学ポテンシャル μ によって置き換えられる．

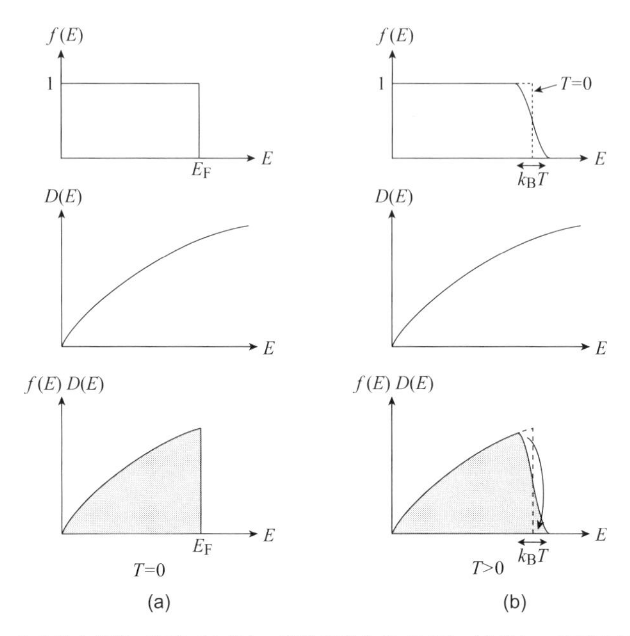

図 8.6 フェルミ分布関数 $f(E)$（上段），状態密度曲線 $D(E)$（中段），$f(E)D(E)$（下段）．(a) は $T=0$ に対応し，(b) は有限温度（$T>0$）に対応する．

この関数は，スピン状態まで指定された 1 つのエネルギー準位（E）の状態にいる平均の電子数を表す．[10] 絶対零度 $T=0$ では矩形（階段関数）をしており（図 8.6(a) 参照），$E<E_{\mathrm{F}}$ に対しては $f=1$ であり，$E>E_{\mathrm{F}}$ に対しては $f=0$ である．境目の $E=E_{\mathrm{F}}$ では $f(E_{\mathrm{F}})=\frac{1}{2}$ であり，$f(E)$ の値は 1 から 0 に急激に変化する．[11] これを状態密度曲線 $D(E)$ とかけ合わせることによって得られる曲線 $f(E)D(E)$ は，フェルミ準位以下の座席がすべて占有されていることを示す．

温度 T を上げると（図 8.6(b) 参照），フェルミ分布関数のフェルミ準位にお

[10] スピン状態まで指定された状態には電子は 1 つしか入れないことを思い出そう．

[11] この不連続の存在が物理学的に重要である．電子間の相互作用を考慮に入れた場合（**フェルミ液体**と呼ばれる）でも，分布関数に不連続が生じる．

ける不連続は消失し，フェルミ準位近傍の急激な変化はぼやける．しかし，このぼやけの範囲は，大雑把にいえば，$E_F \pm k_B T$ の領域に限られる．$E_F - k_B T$ より十分低エネルギーの状態は相変わらず $f(E) = 1$ であり，$E_F + k_B T$ より十分高エネルギーの状態は $f(E) = 0$ のままである．状態密度曲線は温度変化しないと考えると，フェルミ準位より $k_B T$ 程度下のエネルギー準位にいた電子は，熱エネルギーを周囲からもらって，フェルミ準位以上の準位に押し上げられる（図 8.6(b) 参照）．これはちょうど，劇場の（占有・非占有の境界線に近い）座席に座っていた人が 2〜3 列後ろの空席に移るようなものである．（境界線に近い座席のエネルギーは，フェルミ・エネルギーとほとんど同じである．）しかし，原点付近の $(k_x, k_y, k_z) \sim (0, 0, 0)$ の電子がフェルミ準位以上の空席に移ることは不可能である．なぜなら，そのような移動を起こすためには，フェルミ・エネルギー程度の大きなエネルギーを電子に与える必要があるからである．8-2 節で見たように，フェルミ・エネルギーは（温度に換算すれば）数万度程度の高エネルギーに対応するから，このような移動を生ぜしめることは事実上不可能である．[12] これはちょうど，1 階席にいた人が 2 階席に移るためには，大きなエネルギーが必要であることに似ている．

結局，E_F を越えて移動が起きるのは，E_F より $k_B T$ 程度低いエネルギーの座席にいる電子である．その割合は，（大雑把に見積もって）$k_B T / E_F$ の程度である．励起された電子は，1 個あたり $k_B T$ の熱エネルギーを持つ．したがって，N 個の電子からなるフェルミ気体のエネルギーは

$$E \sim \frac{k_B T}{E_F} N k_B T = \frac{N k_B T^2}{T_F} \tag{8.41}$$

これを温度微分することによって（定積）比熱が次のように得られる．

$$C_V = \frac{dE}{dT} \sim \frac{2 N k_B}{T_F} T \tag{8.42}$$

---

[12] どんな金属も，フェルミ温度に達する前に溶けてしまう．

この結果は，温度一定を表す式 (8.39) とは全く異なる．

式 (8.42) を式 (8.39) と比べてみると次のようになる．

$$\frac{\text{量子物理の比熱}}{\text{古典物理の比熱}} \simeq \frac{T}{T_{\mathrm{F}}} \ll 1 \tag{8.43}$$

室温 $T \sim 300$ K でさえ，T_{F} に比べれば桁違いに小さい．これは，(室温において）絶縁体と金属の比熱に違いがないという実験事実と矛盾しない．

詳しい計算を行うと，E_{F}（統計力学の言葉では化学ポテンシャル μ）は温度変化する．このことを考慮に入れ，E_{F} をフェルミ準位，絶対零度における E_{F} をフェルミ・エネルギーと呼び，区別することがある．

《発展 1》 **フェルミ縮退**という用語がしばしば用いられる．この縮退という言葉の意味を考えよう．図 8.7(a) に示したように，絶対零度ではフェルミ・エネルギー E_{F} まで電子が詰まっている．この状態に（無限に）小さいエネルギーを加えると，図 8.7(b) に示したように，フェルミ球の内側の電子が励起されて，フェルミ球の外側に付け加わる．(このとき，フェルミ球の内側にできた状態（空孔）を正孔（ホール）と呼ぶ.) このような励起は**電子・正孔対励起**と呼ばれるが，その励起エネルギーはいくらでも小さくできる．この様子を状態密度を用いて描くと図 8.7(c) のようになる．一方，同じような（無限小のエネルギーを持つ）励起は，フェルミ準位近傍の電子を使うことによりいくつでも作ることができる（図 8.7(d)）．これらの励起状態は，互いに異なった状態であるが，E_{F} とほぼ等しいエネルギーを持っている．これがフェルミ縮退と呼ばれる所以である．このような縮退した効果は，フェルミ温度 T_{F}（フェルミ縮退温度）より低温に冷却すると顕著になる．

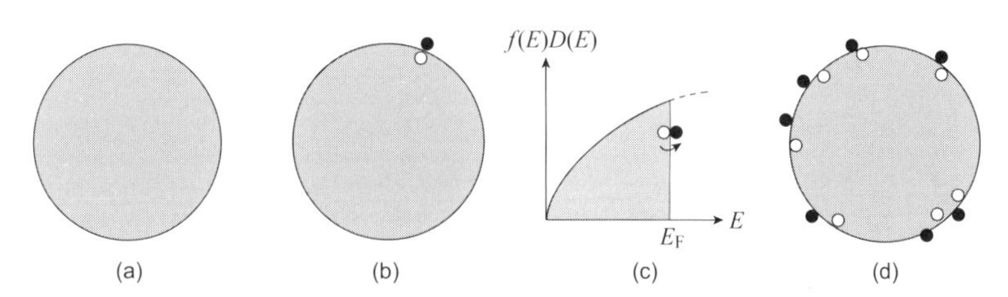

図 8.7 フェルミ縮退．(a) は基底状態，(b) および (d) は励起状態である．(c) は状態密度を用いた励起の概念図である．

自由電子気体の比熱を正確に計算すると，次が得られる．(計算については読者に委ねる.)

$$C_V = \frac{1}{2}\pi^2 N k_B \frac{T}{T_F} = \gamma T \tag{8.44}$$

このような金属に特有の比熱は**電子比熱**と呼ばれる．また，その係数は**電子比熱係数**あるいは **γ 係数**と呼ばれる．

量子力学が正しいかどうかを調べるためには，量子統計力学の帰結である式 (8.44) を実験と比べればよい．金属の場合にも格子振動からの比熱が含まれるから（6-3 節を参照），式 (8.42) の温度依存性を観測するためには低温に冷やさなければならない．このような実験を行ったところ，温度に比例する温度依存性が確認された．比熱という簡単な実験により量子力学の正しいことが示されたのである．

《発展 2》 電子比熱は色々な表式で表されている．フェルミ準位における状態密度 $D(E_F)$ を使えば，

$$C_V = \frac{1}{3}\pi^2 D(E_F) k_B^2 T \tag{8.45}$$

と書かれる．また，電子の質量 m を顕にすれば，

$$C_V = \frac{1}{3} V \frac{m k_F}{\hbar^2} k_B^2 T \tag{8.46}$$

となる．

現実に存在する金属においては，電子間に大きなクーロン（Coulomb）斥力が働いている．この電子間の相互作用を考慮に入れるためには，ランダウ（Landau）の**フェルミ液体論**と呼ばれる理論によって，次の置き換えをすればよいことが示されている．

$$T_F \to T_F^*, \quad D \to D^*, \quad m \to m^* \tag{8.47}$$

ここで，T_F^* は**有効フェルミ温度**（くり込まれたフェルミ温度），D^* は**有効状態密度**，m^* は**熱的有効質量**と呼ばれる．これらの概念は，**重い電子系**と呼ばれる最先端研究で用いられている [3].

8-4-2 パウリ常磁性

自由電子気体に磁場をかけると，電子の１つ１つがゼーマン効果の影響を受けるため，それらの集合である自由電子気体もゼーマン効果によりエネルギー準位が分裂する.（これを**ゼーマン分裂**という.）その様子が図 8.8(a) に示されている．磁場がゼロのときは，上向きスピンを持った電子と下向きスピンを持った電子は同数（$N/2$ 個）であったが，これに磁場を加えると，数にアンバランスが生じる（図 8.8(b) 参照)．なぜなら，化学ポテンシャル（フェルミ準位）が両スピンに対し同じになるように電子の移動が生じるからである．この数の差が磁気双極子の数の差，つまり磁性となって表れてくる．

磁化を次の式によって定義しよう．

$$M = (N_{\downarrow} - N_{\uparrow})\mu_{\mathrm{B}} \tag{8.48}$$

この磁化という物理量は，後に見るように，磁石などを特徴づける際に重要となる．ゼーマン効果により，上向きスピン電子のエネルギーは $\Delta E = \mu_{\mathrm{B}} H$ だけ高くなり，その領域に含まれる電子の数（図 8.8(a) 左の破線より上の面積に相当）は $D_{\uparrow}\Delta E$ となる．下向きスピン電子のエネルギーは同じエネルギー

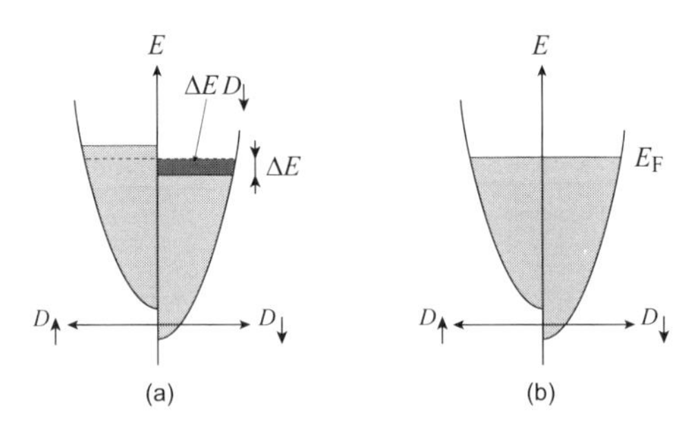

図 8.8　自由電子気体に対する磁場の効果．(a) は磁場の影響によってエネルギーが変化した状態密度を示す．(b) は（上向きスピンの状態から下向きスピンの状態への）電子移動が生じたあとの状態密度を示す．陰影部の面積は電子の数に対応する．

$\Delta E = \mu_{\mathrm{B}} H$ だけ低くなり，その領域に含まれる電子の数は $D_{\downarrow}\Delta E$ となる．図 8.8(a) からわかるように，下向きスピン電子の数 $N_{\downarrow}$ は $D_{\downarrow}\Delta E$ だけ増え，上向きスピン電子の数 $N_{\uparrow}$ は $D_{\uparrow}\Delta E$ だけ減る．したがって，下向きスピン電子の数 $N_{\downarrow}$ と上向きスピン電子の数 $N_{\uparrow}$ の差である磁化は次のようになる．

$$\frac{M}{\mu_{\mathrm{B}}} = D_{\downarrow}\Delta E + D_{\uparrow}\Delta E \simeq 2D(E_{\mathrm{F}})\mu_{\mathrm{B}} H \tag{8.49}$$

ここで，第 2 式に移る際，フェルミ準位近傍の状態密度がフェルミ準位における状態密度 $D(E_{\mathrm{F}})$ と変わらない（すなわち $D_{\downarrow} \simeq D_{\uparrow} = D(E_{\mathrm{F}})$ である）ことを用いた．磁化率 χ を M/H によって定義すると，次式が得られる．

$$\chi_{\mathrm{P}} = 2D(E_{\mathrm{F}})\mu_{\mathrm{B}}^{2} \tag{8.50}$$

これは**パウリ常磁性磁化率**と呼ばれ，電子がフェルミ縮退していること（つまり量子力学）を用いて導かれた．これも実験的に証明されており，電子を記述するには量子力学が必要であることを物語っている．

物質の磁性には，常磁性，反磁性，強磁性などがある．これらは磁化率の符号や大きさに関係しており，第 11 章で詳しく学ぶ．

8-4-3　量子論と古典論との間の移り変わり

前項では，簡単のため，絶対零度における計算を行った．パウリ常磁性に対し有限温度における計算を行うと，図 8.9(a) のような結果となる．[13] 絶対零度付近では，上で計算したように，磁化率は温度によらない．しかし，もっと温度を上げると磁化率は大きく温度に依存するようになり，十分高温（すなわちフェルミ温度 T_{F} より高温）では，**キュリー（Curie）則**と呼ばれる次

[13] 具体的な計算については，量子統計力学などの適当な参考書（たとえば文献 [4] など）を参照されたい．

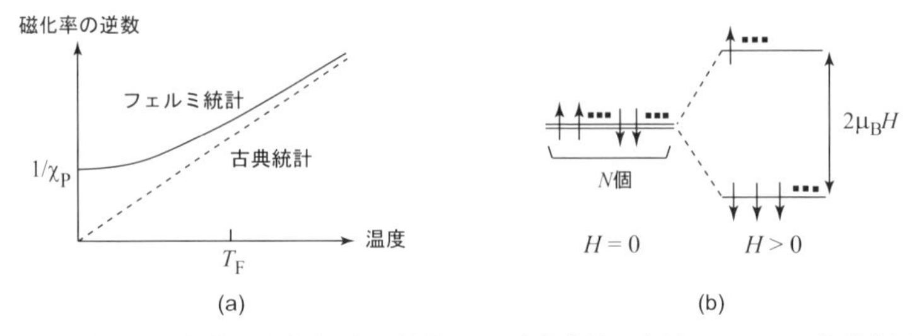

図 8.9 (a) 自由電子気体の磁化率（の逆数）の温度依存性．実線はフェルミ統計を用いて計算した場合，破線は古典統計を用いて計算した場合に対応する．χ_{P} はパウリ常磁性磁化率であり，破線の温度依存性はキュリー則である．(b) ゼーマン分裂による磁化の発生．

の法則に従うようになる．

$$\chi = \frac{C}{T} \tag{8.51}$$

ここで，定数 C は**キュリー定数**と呼ばれ，次式で定義されている．

$$C = \frac{Ng^2{\mu_{\mathrm{B}}}^2 s(s+1)}{3k_{\mathrm{B}}} \tag{8.52}$$

$g = 2$ および $s = 1/2$ を代入すると，次が得られる．

$$\chi = \frac{N{\mu_{\mathrm{B}}}^2}{k_{\mathrm{B}}T} \tag{8.53}$$

これもパウリ常磁性と同じように正の符号を持つことから，常磁性である．

キュリーの法則は，フェルミ統計（量子統計）を使わずに導出される．各電子のスピンの向きは熱揺動のため揺らいでおり，磁場 H がゼロのときは，上向きスピン $\uparrow$ と下向きスピン $\downarrow$ の状態は同じ確率で現れ，磁化は生じない（図 8.9(b) 参照）．ここに微小な磁場をかけると，準位はゼーマン効果により分裂し，$\downarrow$ スピン電子の数が増える．磁気モーメント $\boldsymbol{m}$ とスピン $\boldsymbol{s}$ との間には $\boldsymbol{m} = -2\mu_{\mathrm{B}}\boldsymbol{s}$ の関係があるから，磁化の磁場方向成分の熱平衡における平均値は次のように計算される．

$$M = N\langle -2\mu_B s_z\rangle = -2N\mu_{\rm B}\frac{\sum_{-1/2}^{1/2} s_z \exp(\frac{-2\mu_{\rm B}Hs_z}{k_{\rm B}T})}{\sum_{-1/2}^{1/2}\exp(-\frac{2\mu_{\rm B}Hs_z}{k_{\rm B}T})}$$
$$= N\mu_{\rm B}\tanh\left(\frac{\mu_B H}{k_{\rm B}T}\right) \simeq N\frac{\mu_{\rm B}^2}{k_{\rm B}T}H \tag{8.54}$$

ここで,（N 個の）独立な電子の集合である自由電子気体の磁化率は，互いに相互作用を及ぼさないので，1 個の電子の磁化率を足し合わせればよいことを用いた．また，最後の等式では，磁場は十分に小さいと仮定した（$\mu_{\rm B}H/k_{\rm B}T \ll 1$）．式 (8.54) からキュリーの法則がただちに得られる．

χ（$= \frac{M}{H}$）が降温とともに発散的に大きくなることは,[14] 十分低温では熱撹乱が小さいため，スピンが磁場方向に向きを揃えやすくなっていることによる．これは，“固有の磁気モーメント”（磁場を加えなくても存在する磁気モーメント）を持つ系に特徴的な性質（**配向効果**と呼ばれる）である．

自由電子の磁化率を計算した結果，2 つの異なる常磁性磁化率（パウリ常磁性とキュリー常磁性）が出てきた．この理由は何であろうか．それは，フェルミ統計（量子統計）を用いたかどうかの違いである．フェルミ縮退温度より高温にすれば,（フェルミ・エネルギーより十分下の座席にも空席が生じているから）フェルミ球の奥の方にある電子も向きを変えることができるようになり，電子系を古典統計で扱うことができる．1 個 1 個の電子はキュリー則（$\chi = \mu_{\rm B}^2/k_{\rm B}T$）に従うので，$N$ 電子系ではこれを N 倍するだけでよい．これが低温まで続くと仮定すればキュリー則が得られる．しかし実際には，フェルミ縮退温度より低温になれば，古典統計ではなくフェルミ統計を用いなければならない．なぜなら，十分低温では，フェルミ準位 $E_{\rm F}$ より奥深くにある電子は向きを変えることができないからである.[15] 向きを変えることので

[14] 現実には，どんなに小さいにせよ磁気モーメント間には相互作用が働き，そのために系は（第 11 章で学ぶ）磁気秩序状態に落ち込む．そうでないと，熱力学第 3 法則（$T \to 0$ の極限でエントロピーはゼロ）に反してしまう．

[15] 向きを変えるためには，反対向きのスピンを持った空の状態に移らなければならない．しかし，パウリ

きる電子は E_{F} 近傍の $k_{\mathrm{B}}T$ 程度の領域にある電子のみであり，これは全電子数の $k_{\mathrm{B}}T/E_{\mathrm{F}}$ の程度に過ぎない．結局，個々の磁化率 ${\mu_{\mathrm{B}}}^2/k_{\mathrm{B}}T$ に電子数をかけ合わせて，次式が得られる．

$$\chi_{\mathrm{P}} \sim N\frac{{\mu_{\mathrm{B}}}^2}{k_{\mathrm{B}}T}\frac{k_{\mathrm{B}}T}{E_{\mathrm{F}}} = \frac{N{\mu_{\mathrm{B}}}^2}{E_{\mathrm{F}}} \quad \left(\chi_{\mathrm{P}} = \frac{3}{2}\frac{N{\mu_{\mathrm{B}}}^2}{k_{\mathrm{B}}T_{\mathrm{F}}}\right) \tag{8.55}$$

（ここで，括弧内の式は，きちんとした計算によって得られた式である．）これはパウリ常磁性磁化率である．[16)]

《**発展 3**》T_{F} を境にしたフェルミ統計から古典統計への移行は，次のように理解される（[4]）．温度 T で熱運動している電子気体はマクスウェルの速度分布則に従う．その運動量分布の幅は，$\Delta p \simeq \sqrt{mk_{\mathrm{B}}T}$ の程度である．これを不確定性関係と結びつけると，$\lambda_{\mathrm{B}} \sim \hbar/\sqrt{mk_{\mathrm{B}}T}$ の程度の位置の揺らぎを持つことになる．これは気体分子の波束の広がり（熱的ドゥブローイ波長あるいはコヒーレンス長と呼ばれる）と解釈される．低温では，λ_{B} は平均の粒子間隔に比べ充分大きく，波束は互いに重なり合っている．このとき，波の性質が顕在化し，電子は量子力学的粒子として取り扱われる．温度が上昇するとともに波束の大きさは小さくなり，T_{F} を越えると，λ_{B} は平均の粒子間隔より小さくなってしまう．このとき電子の波動性は隠れてしまい，電子は古典的粒子として振舞う．すなわち，低温のパウリ常磁性は電子の量子力学的効果（「非個別性」に起因するフェルミ縮退効果）によるものであり，高温のキュリー則は電子を古典的に扱うことが許されるようになったために生じた．

【**補足 1**】 電流を流さない物質（絶縁体）には，（電流を運ぶことのできる）伝導電子は存在しない．このような絶縁体においては，低温までキュリー則に従う物質も存在する．電流を運べるかどうか，言いかえれば結晶中を動き回れる電子があるかどうかで，磁性などの物性は大きく変わる．次章以降では，動ける電子と動けない電子を区別して考えることが重要となる．

の原理により，エネルギーの近いところにこのような状態を見つけることはできない．

16) 式 (8.37) を使えば，式 (8.55) が式 (8.50) と同じように，フェルミ準位における状態密度に比例することがわかる．

第 9 章

電子の進行波と定在波
――バンド理論

私たちの周囲には電流をよく流すもの（金属）と流さないもの（半導体や絶縁体）がある．前章の自由電子モデルは金属の性質を正しく記述できるが，絶縁体・半導体の存在を説明することはできない．本章では，これら金属・絶縁体の起源を説明するエネルギー・ギャップの成因について学ぶ．

9-1　エネルギー・バンドの形成

9-1-1　原子から分子，そして結晶へ

水素原子の中の電子の軌道状態（波動関数）を考える（図 9.1(a) 参照）．電子の波動関数（たとえば 1s 軌道の波動関数）は原子核を中心として 1Å 程度の狭い領域に閉じ込められている．図 (a) の下段に示したように，その符号が正のときは横軸の上側，負のときは下側にプロットする．2 個の水素原子が，互いに離れて存在する場合には，もちろん孤立原子の状態が保たれている．したがって，左の原子の電子と右の原子の電子は，同じエネルギーを保っている．つまり，エネルギーは縮退している．

水素原子が近づき水素分子を形成したと考えよう（図 9.1(b) 参照）．このとき，2 つの原子にまたがって拡がる**分子軌道**が形成される．水素分子の場合，分子軌道には 2 種類あり，**結合軌道**と**反結合軌道**がある．結合軌道を見

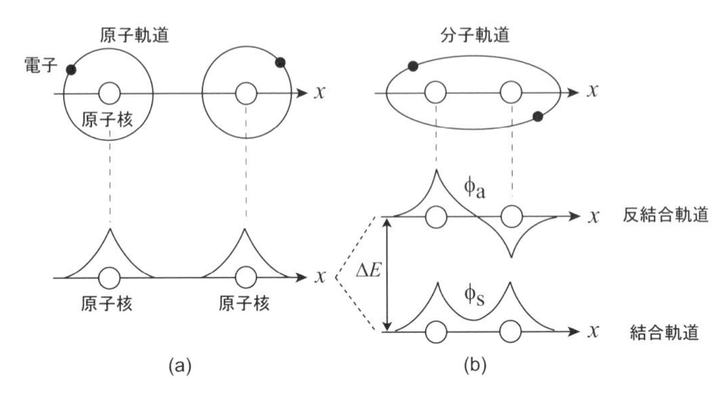

図 9.1　2 つの水素原子からなる系における電子の軌道状態．(a) 波動関数に重なりがない場合と (b) 重なりがある場合では，電子軌道の形成に違いが生じる．

ると，(2 原子の中間部分にゼロでない波動関数を持つことから）2 つの原子核の間に電子が存在することがわかる．(正の電荷を持った）2 つの原子核の間に存在する（負の電荷を帯びた）電子は，2 つの原子核を結びつける「糊づけ」の役割を果たす．これは，分子が安定して存在することを示す．これに対し，反結合軌道では，原子核の間に電子が存在する確率は小さく，その軌道上の電子に対し「糊づけ」の役は望めない．以上の考察からわかるように，結合軌道は，反結合軌道に比べ，エネルギーが低い（安定である）．

4 個の水素イオンから構成される系（電子間の相互作用は無視する）でも同様に，(波動関数の重なりによって）軌道に関する 4 重縮退が図 9.2(a) のように解ける．エネルギーが最も低いのは節（波動関数のゼロ点）を持たない結合軌道であり，節の数が増えるにつれエネルギーは上昇し，最も節の数の多い反結合軌道のエネルギー準位が最大となる．これは，節の数の小さい電子状態の方が小さい運動エネルギーを持つためである．

このように，格子（今考えている例では陽子）が作る周期ポテンシャルの中にある 1 個の電子（電子間のクーロン相互作用を無視することと等価）を考えるモデルを**分子軌道法**と呼ぶ．分子軌道法は，多数の原子からなる波動

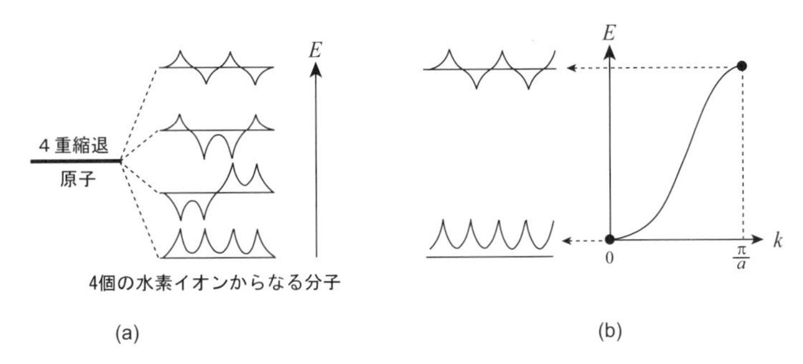

図 9.2　(a) 4個の水素イオン（陽子）からなる系のエネルギー準位と波動関数．(b) マクロな数の電子からなる系のエネルギー分散．

関数を作るときに，波動関数の空間的拡がりを重視する近似法である．後述のように，金属の伝導電子に対するブロッホ関数と呼ばれる波動関数も同じ精神で作られている．

結晶中に 1 cm^3 あたり $N \sim 10^{22}$ 個の水素原子が含まれている場合も，事情は分子の場合と同じである．波動関数の間に重なり（**混成**）があると，電子は隣接する原子を飛び移り結晶全体を動き回るようになる．その結果，N 個の独立な（波動関数に重なりのない）水素原子の集合では縮退した（つまりエネルギーが同じ）N 個の準位があったのに対し，波動関数に重なりが生じることでこれらの縮退は解け，エネルギーが拡がる．この拡がったエネルギー準位を**エネルギー・バンド**（あるいは単にバンド）と呼ぶ．バンドの底の状態は，波動関数に節のない（運動エネルギーの最も小さい）状態であり，バンドの上端の状態は節の数が最も多い状態となる．エネルギー分散は図 9.2(b) のようになる．

【補足 1】 固体を形成したとき，すべての波動関数が隣の波動関数と重なりを持つわけではない．原子内奥深くにある波動関数は孤立原子のときと同じように局在したままである．その典型例が，磁石に利用される希土類原子の 4f 電子である．一方，電流を運ぶ電子は必ず隣の波動関数と混成している．超伝導電流を運ぶ s 電子がその典型例である．電子によっては，局在的な性質と拡がった性質の両方を備えるものもある．

9-1-2　格子波と電子波の類似性

読者は，図 9.2 と図 4.5 の類似性に気が付かれたかもしれない．それらをまとめると図 9.3 のようになる．格子振動の波の場合は，横波であれば，原子位置が平衡状態のときに比べ上に行くか下に来るかで変位の符号が変わった（図 9.3(a) 参照）．n 番目の原子の変位を数式で表すためには式 (4.27) を使えばよい．

$$u_n(t) = Ae^{i(kx-\omega t)} \tag{9.1}$$

波数 $k = 0$（すなわち波長が無限大の場合）においては上式に $k = 0$ を代入し，次を得る．

$$u_n = Ae^{-i\omega t} \tag{9.2}$$

これは，原子の番号（すなわち座標）を含まないことからわかるように，すべての質点が同じ方向に（同じ量だけ）変位していることを示す．$k = N\pi/L = \pi/a$（a は格子定数）に対しては，式 (4.30) に示したように，隣り合う原子の変位は互いに逆方向である．

電子の波動関数の場合には，式 (9.1) の時間依存性を落として，次のように書き表そう．

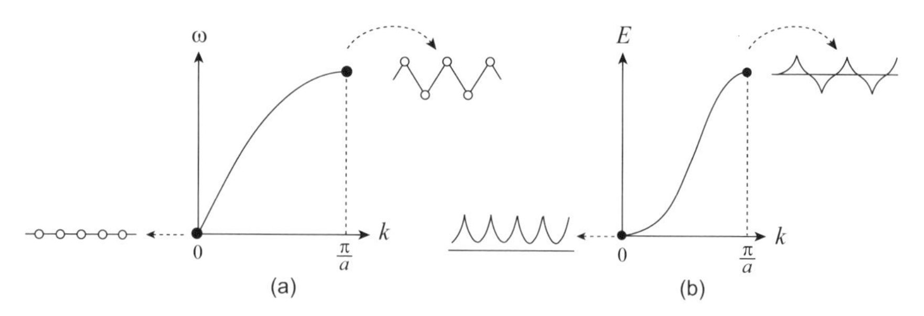

図 9.3　格子波の分散 (a) と電子エネルギーの分散 (b).

$$\psi_n = |\psi|e^{ikx} \tag{9.3}$$

ここで，ψ_n は（端から）n 番目の波動関数，$|\psi|$ は（たとえば）1s 波動関数である．格子振動の場合と同じように，$k=0$ に対してはみな同じ位相（つまり同符号）で重ね合わせればよく，$k=\pi/a$ に対しては，隣り合う位置の波動関数の符号を逆にして重ね合わせればよい（図 9.3(b) 参照）．

以上から，格子波の分散関係と電子波の分散関係の間に類似性のあることがわかる．電子波の場合にバネの役割を果たしているのは，電子の波動関数の重なりである．波動関数の重なり（つまり隣接する原子への電子移動）が波動関数の位相を調整しているともいえる．

9-2　周期ポテンシャル

9-2-1　電子の波動性と物性

電子の粒子性・波動性について考えてみよう．電流を流す導線に使われる銅は金属であり，その電気抵抗 R は温度 T が下がるにつれ小さくなる（図 9.4(a) 参照）．絶対零度へ外挿した電気抵抗は**残留抵抗**と呼ばれ，銅の純度が高ければ高いほど，残留抵抗は小さくなる．きわめて純度が高い場合には，超

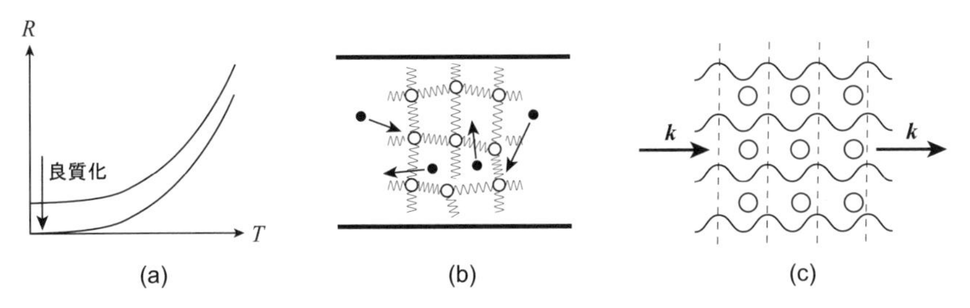

図 **9.4**　(a) 金属の抵抗の温度変化．(b) 金属内部の概念図．(c) 周期ポテンシャル中の平面波．

伝導と見分けがつきにくいほど小さくなる．

このような電気抵抗の温度依存性を説明するとき，われわれは暗に電子を小さな粒子と考えている．図 9.4(b) に黒丸で示したように，金属中の電子が電流を運んでいると高校の物理で習う．室温付近では（第 6 章で学んだ）格子振動があるため，電子はこれにより散乱され，有限の抵抗を持っているが，温度を下げるにつれ格子振動の振幅は小さくなり，散乱が弱くなる結果として，電気抵抗が小さくなる．十分低温で電気抵抗の散乱を引き起こすのは不純物原子であるから，純度が高い試料では，不純物からの散乱が減少し，残留抵抗は小さくなる．

この説明で銅などの金属の電気抵抗の温度依存性が理解される．しかし，よく考えると，次のような疑問がわく．電子がピンポン球を小さくしたような粒子であれば，金属銅を構成している銅イオンとぶつかるに違いない．こう考えると，銅イオンがたとえ静止していたとしても，それが有限の大きさを持っている限り，（同様に有限の大きさを持つと考えた）電子はぶつかって散乱されるに違いない．残留抵抗が小さいのは実験事実である．電子が粒子であるとすると，実験をうまく説明することは難しそうである．

では，電子が波であったならば，残留抵抗が小さいことを説明できるであろうか．これを理解するためには**ブロッホ**（Bloch）**の定理**（次項参照）が必要である．ここではその結果を使うことにすると，次のようになる．まず，第 5 章で見てきたように，（自由粒子に対応する）平面波（2 次元では直線波とでも呼ぶべきもの）は波数ベクトル $\boldsymbol{k}$ で特徴づけられ，これは時間が経っても変化しない．したがって，平面波はある方向に同じ速度で進行を続ける．これは，散乱が生じないことを意味する．一方，この平面波が原子にぶつかると散乱され，（球面波として）周りに拡がっていくであろう．ここで重要なことは，銅などの金属結晶では，銅イオンが規則的に（周期的に）配列していることである．ブロッホの定理によれば，各原子で散乱された散乱波は互いに干渉し，その結果，合成された波は平面波の性質を保つ．言い換えれば，散乱体が周期的に配列している空間に入射した平面波は，いつまでも平面波の性質を保ったままなのである（図 9.4(c) 参照）．これは，散乱が生じないことを意味する．一方，不純物が入っていると，周期性が乱される．この場合には，不純物の周囲で散乱が生じ，残留抵抗が生じる．したがって，不純物の濃度が多くなればなるほど，残留抵抗が大きくなる．以上より，金属の抵抗が低温で小さいことは，電子が波であることを示しているように見える．

9-2-2　ブロッホの定理

8-1-2 項で学んだように，自由電子に対するシュレーディンガー方程式は

$$-\frac{\hbar^2}{2m}\nabla^2\psi(x,y,z) = E\psi(x,y,z) \tag{9.4}$$

と書かれ，その解は

$$\psi(x,y,z) = \frac{1}{\sqrt{V}}e^{i\boldsymbol{k}\cdot\boldsymbol{r}} \tag{9.5}$$

となる．ここで，V は系の体積である．

一方，結晶中には原子殻が周期的に並んでおり，この原子殻が陽イオンあるいは陰イオンである場合には，電子に対し散乱ポテンシャル $U(x,y,z)$ を与える．電子はこの周期ポテンシャルを感じながら結晶中を運動することになる．このとき，シュレーディンガー方程式は次のように書かれる．

$$\left(-\frac{\hbar^2}{2m}\nabla^2 + U(x,y,z)\right)\psi(x,y,z) = E\psi(x,y,z) \tag{9.6}$$

この微分方程式の解の性質を調べるのが本項の目的である．

結晶の基本単位ベクトルを $\boldsymbol{a}_1$, $\boldsymbol{a}_2$, $\boldsymbol{a}_3$ と書くとき，任意の格子点の位置は $\boldsymbol{R} = l_1\boldsymbol{a}_1 + l_2\boldsymbol{a}_2 + l_3\boldsymbol{a}_3$（$l_1, l_2, l_3$ は整数）と書かれる．このとき，周期ポテン

シャル $U(\boldsymbol{r})$ は次の性質を持つ.

$$U(\boldsymbol{r}+\boldsymbol{R}) = U(\boldsymbol{r}) \tag{9.7}$$

5-6-2 項で学んだように，格子の周期性（並進対称性）を持つ任意の関数 $\rho(\boldsymbol{r})$ は，次のようにフーリエ展開される（式 (5.43) 参照）.

$$\rho(\boldsymbol{r}) = \sum_{\boldsymbol{G}} n_{\boldsymbol{G}} e^{i\boldsymbol{G}\cdot\boldsymbol{r}} \quad (\boldsymbol{G}\text{ は逆格子ベクトル}) \tag{9.8}$$

これを $U(x,y,z)$ に適用すると，次のように書かれる.

$$U(\boldsymbol{r}) = \sum_{\boldsymbol{G}} U_{\boldsymbol{G}} e^{i\boldsymbol{G}\cdot\boldsymbol{r}} \tag{9.9}$$

では，シュレーディンガー方程式 (9.6) の解 $\psi(\boldsymbol{r})$ はどのように書かれるであろうか．周期ポテンシャル中を運動する電子の波動関数であるから，式 (9.8) のように書き表されるであろう．一方，周期ポテンシャルを弱くしていくと式 (9.5) になると期待される．これらより，次のような形を持っていると仮定しよう.

$$\psi(\boldsymbol{r}) = \sum_{\boldsymbol{G}} C_{\boldsymbol{k}+\boldsymbol{G}} e^{i(\boldsymbol{k}+\boldsymbol{G})\cdot\boldsymbol{r}} \tag{9.10}$$

【補足 2】 計算に煩わさせるのを避けるため，式 (9.10) が解になりえることについては，以下に，補足として説明する．まず，式 (9.10) をシュレーディンガー方程式 (9.6) に代入すると次式が得られる.

$$\frac{\hbar^2}{2m}\sum_{\boldsymbol{G}} C_{\boldsymbol{k}+\boldsymbol{G}}(\boldsymbol{k}+\boldsymbol{G})^2 e^{i(\boldsymbol{k}+\boldsymbol{G})\cdot\boldsymbol{r}} + \sum_{\boldsymbol{G},\boldsymbol{G}'} U_{\boldsymbol{G}'} e^{i\boldsymbol{G}'\cdot\boldsymbol{r}} C_{\boldsymbol{k}+\boldsymbol{G}} e^{i(\boldsymbol{k}+\boldsymbol{G})\cdot\boldsymbol{r}} = \sum_{\boldsymbol{G}} E C_{\boldsymbol{k}+\boldsymbol{G}} e^{i(\boldsymbol{k}+\boldsymbol{G})\cdot\boldsymbol{r}} \tag{9.11}$$

これを変形して，次のように書き換える.

$$\sum_{\boldsymbol{G}} e^{i(\boldsymbol{k}+\boldsymbol{G})\cdot\boldsymbol{r}} \left(\frac{\hbar^2}{2m}(\boldsymbol{k}+\boldsymbol{G})^2 C_{\boldsymbol{k}+\boldsymbol{G}} + \sum_{\boldsymbol{G}'} U_{\boldsymbol{G}'} C_{\boldsymbol{k}+\boldsymbol{G}-\boldsymbol{G}'} - E C_{\boldsymbol{k}+\boldsymbol{G}} \right) = 0 \tag{9.12}$$

この式は任意の $\boldsymbol{r}$ に対して成り立たなければならないので，$\boldsymbol{r}$ に無関係な括弧の部分はゼロにならなければならない．したがって，

$$\left(\frac{\hbar^2}{2m}(\boldsymbol{k}+\boldsymbol{G})^2 - E\right)C_{\boldsymbol{k}+\boldsymbol{G}} + \sum_{\boldsymbol{G}'} U_{\boldsymbol{G}'}C_{\boldsymbol{k}+\boldsymbol{G}-\boldsymbol{G}'} = 0 \tag{9.13}$$

が得られる．見やすくするために文字を置き直すと，

$$\left(\frac{\hbar^2 k^2}{2m} - E\right)C_{\boldsymbol{k}} + \sum_{\boldsymbol{G}} U_{\boldsymbol{G}}C_{\boldsymbol{k}-\boldsymbol{G}} = 0 \tag{9.14}$$

となる．展開係数 $C_{\boldsymbol{k}+\boldsymbol{G}}$ がこの式を満たすように選べば，式 (9.10) はシュレーディンガー方程式 (9.6) の解となる．

$U_{\boldsymbol{G}}$ は周期ポテンシャルのフーリエ成分であるから，周期ポテンシャルが存在しない場合（すなわち自由電子の場合）は $U_{\boldsymbol{G}} = 0$ である．このとき，$C_{\boldsymbol{k}} = 0$ としてしまうと意味のない解となってしまうから，$C_{\boldsymbol{k}} \neq 0$ とすると，$E = \frac{\hbar^2 k^2}{2m}$ となり，自由電子の場合のエネルギーの分散関係となる．波動関数は，式 (9.10) において 1 つの展開係数だけでよく，$\psi(\boldsymbol{r}) = C_{\boldsymbol{k}}e^{i\boldsymbol{k}\cdot\boldsymbol{r}}$ となる．

周期ポテンシャルがゼロでない場合は，1 つの展開係数 $C_{\boldsymbol{k}}$ だけでは不十分で，$\boldsymbol{k}$ と逆格子ベクトル $\boldsymbol{G}$ だけ異なる係数 $C_{\boldsymbol{k}-\boldsymbol{G}}$ を含むようになる．

式 (9.10) を次のように書き換える．

$$\psi(\boldsymbol{r}) = \left(\sum_{\boldsymbol{G}} C_{\boldsymbol{k}+\boldsymbol{G}}e^{i\boldsymbol{G}\cdot\boldsymbol{r}}\right)e^{i\boldsymbol{k}\cdot\boldsymbol{r}} = u_{\boldsymbol{k}}(\boldsymbol{r})e^{i\boldsymbol{k}\cdot\boldsymbol{r}} \tag{9.15}$$

ここで，新しい関数 $u_{\boldsymbol{k}}(\boldsymbol{r})$ は次のように定義されている．

$$u_{\boldsymbol{k}}(\boldsymbol{r}) = \sum_{\boldsymbol{G}} C_{\boldsymbol{k}+\boldsymbol{G}}e^{i\boldsymbol{G}\cdot\boldsymbol{r}} \tag{9.16}$$

式 (9.16) の右辺は逆格子ベクトル $\boldsymbol{G}$ のフーリエ展開で表されているから，$u_{\boldsymbol{k}}(\boldsymbol{r})$ は結晶の周期性を持っていることがわかる．実際，これは次のようにして確かめられる．

$$u_{\boldsymbol{k}}(\boldsymbol{r}+\boldsymbol{R}) = \sum_{\boldsymbol{G}} C_{\boldsymbol{k}+\boldsymbol{G}}e^{i\boldsymbol{G}\cdot(\boldsymbol{r}+\boldsymbol{R})} = \sum_{\boldsymbol{G}} C_{\boldsymbol{k}+\boldsymbol{G}}e^{i\boldsymbol{G}\cdot\boldsymbol{r}}e^{i\boldsymbol{G}\cdot\boldsymbol{R}} = \sum_{\boldsymbol{G}} C_{\boldsymbol{k}+\boldsymbol{G}}e^{i\boldsymbol{G}\cdot\boldsymbol{r}} \tag{9.17}$$

ここで，逆格子ベクトル $\boldsymbol{G}$ の定義から，$e^{i\boldsymbol{G}\cdot\boldsymbol{R}}=1$ となることを用いた（式 (5.41) 参照）．式 (9.16) との比較からただちに次式の成り立つことがわかる．

$$u_{\boldsymbol{k}}(\boldsymbol{r}+\boldsymbol{R})=u_{\boldsymbol{k}}(\boldsymbol{r}) \tag{9.18}$$

以上の結果をまとめると，次のようになる．まず，周期ポテンシャル中の電子は，次の波動関数で表される．

$$\psi(\boldsymbol{r})=u_{\boldsymbol{k}}(\boldsymbol{r})e^{i\boldsymbol{k}\cdot\boldsymbol{r}} \tag{9.19}$$

ここで重要なことは，格子中の波動関数が平面波の形を保っていることである．次に，平面波を "変調" している関数 $u_{\boldsymbol{k}}(\boldsymbol{r})$ は，式 (9.18) で示されるように，格子の周期性を持っている．これらは**ブロッホの定理**であり，波動関数 (9.19) を**ブロッホ波**（あるいは**ブロッホ状態**）と呼ぶ．

9-3　エネルギー・ギャップ

9-3-1　電子エネルギーに対する周期性の影響

波動関数 (9.10) を少し書き直し，次のように表す．

$$\psi_{\boldsymbol{k}}(\boldsymbol{r})=\sum_{\boldsymbol{G}'}C_{\boldsymbol{k}+\boldsymbol{G}'}e^{i(\boldsymbol{k}+\boldsymbol{G}')\cdot\boldsymbol{r}} \tag{9.20}$$

次に，$\boldsymbol{k}\to\boldsymbol{k}+\boldsymbol{G}$ と変換する．

$$\psi_{\boldsymbol{k}+\boldsymbol{G}}(\boldsymbol{r})=\sum_{\boldsymbol{G}'}C_{\boldsymbol{k}+\boldsymbol{G}+\boldsymbol{G}'}e^{i(\boldsymbol{k}+\boldsymbol{G}+\boldsymbol{G}')\cdot\boldsymbol{r}} \tag{9.21}$$

さらに，$\boldsymbol{G}+\boldsymbol{G}'=\boldsymbol{G}''$ と置き換える．

$$\psi_{\boldsymbol{k}+\boldsymbol{G}}(\boldsymbol{r}) = \sum_{\boldsymbol{G}''} C_{\boldsymbol{k}+\boldsymbol{G}''} e^{i(\boldsymbol{k}+\boldsymbol{G}'')\cdot\boldsymbol{r}} = \psi_{\boldsymbol{k}}(\boldsymbol{r}) \tag{9.22}$$

ここで，式 (9.20) を用いた．式 (9.22) は，波数ベクトルが逆格子ベクトルだけ異なるブロッホ波は同一の状態であることを意味する．

波数ベクトル $\boldsymbol{k}$ で特徴づけられる状態 $\psi_{\boldsymbol{k}}(\boldsymbol{r})$ が次のシュレーディンガー方程式を満たすとする．

$$\mathcal{H}\psi_{\boldsymbol{k}}(\boldsymbol{r}) = E(\boldsymbol{k})\psi_{\boldsymbol{k}}(\boldsymbol{r}) \tag{9.23}$$

変換 $\boldsymbol{k} \to \boldsymbol{k} + \boldsymbol{G}$ を行うと，次式が得られる．

$$\mathcal{H}\psi_{\boldsymbol{k}+\boldsymbol{G}}(\boldsymbol{r}) = E(\boldsymbol{k}+\boldsymbol{G})\psi_{\boldsymbol{k}+\boldsymbol{G}}(\boldsymbol{r}) \tag{9.24}$$

式 (9.22) を用い，次を得る．

$$\mathcal{H}\psi_{\boldsymbol{k}}(\boldsymbol{r}) = E(\boldsymbol{k}+\boldsymbol{G})\psi_{\boldsymbol{k}}(\boldsymbol{r}) \tag{9.25}$$

これを式 (9.23) と比較することにより次が得られる．

$$E(\boldsymbol{k}) = E(\boldsymbol{k}+\boldsymbol{G}) \tag{9.26}$$

これより，エネルギーは波数空間（逆格子空間）において周期的（周期は逆格子ベクトル $\boldsymbol{G}$）であることがわかる．これは，次項のバンド構造を考えるときに重要な役割を果たすことになる．

9-3-2　エネルギー・ギャップ

理解を容易にするため，1 次元空間を考える．自由電子のエネルギーは

$$E = \frac{\hbar^2 k^2}{2m} \tag{9.27}$$

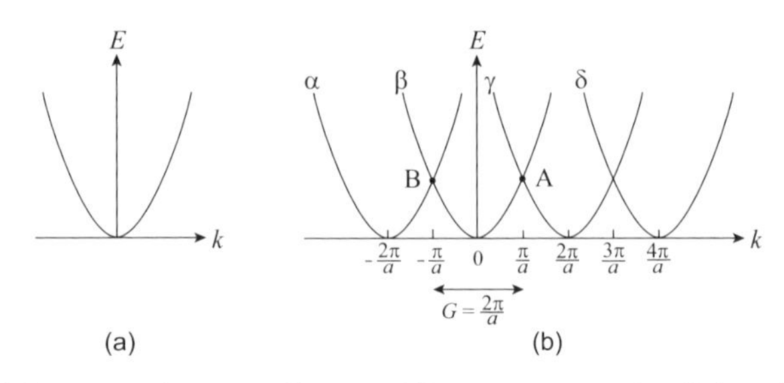

図 9.5 (a) 自由電子のエネルギー分散．(b) 周期ポテンシャルがある場合の電子エネルギー．

である．これを図 9.5(a) に示す．周期ポテンシャルが加わると，エネルギーは式 (9.26) のような修正を受ける．これを図 9.5(b) に示す．それぞれの分散曲線に図のように α, β, γ などの名前を付ける．周期ポテンシャルの影響を受けた結果，たとえば，曲線 β と γ は，$k = \pi/a$（a は結晶の周期）において交わるようになる．ここで，2 つの曲線の交点を A 点と名付ける．曲線 β に着目すると，点 A の状態は，そこでの波数を用いて，

$$\psi = e^{i\frac{\pi}{a}x} \tag{9.28}$$

と書かれる．ここでは系の体積を 1 と置いた（$V = 1$）．一方，曲線 γ の点 A の状態は，曲線 β における点 B の状態に対応し，

$$\psi = e^{-i\frac{\pi}{a}x} \tag{9.29}$$

と書かれる．これら 2 つの波数は逆格子ベクトル（の大きさ）$2\pi/a$ だけ異なるから，式 (9.28) と式 (9.29) は，式 (9.22) より，同じ状態を表している．これらの 2 つの状態のそれぞれは進行波の状態であり,[1] シュレーディンガー方程式 (9.6) の解ではない．その（数学的）理由は，周期ポテンシャル $U(x, y, z)$

[1] 時間に関する部分も含めて書けば，式 (9.28) は $\psi = \exp\left(i\left(\frac{\pi}{a}x - \omega t\right)\right)$ となる．これは，周期ポテンシャルがない場合の解である．周期ポテンシャルまで含めたときのシュレーディンガー方程式の解は，定在波解 (9.30) および (9.31) である．

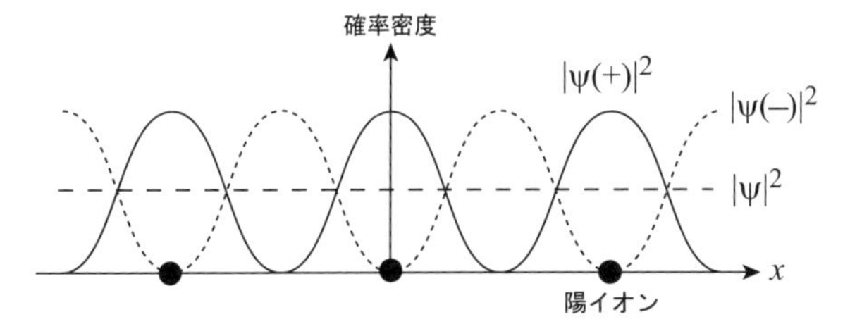

図 **9.6**　電子の電荷分布.

は，A と B の 2 つの状態を混ざり合わせる効果を有しているからである [5]. A と B の 2 つの状態が混ざり合う物理学的理由は，2 つの波数 $\pm\frac{\pi}{a}$ がブラッグ（ラウエ）の条件を満たしているため（式 (5.16) 参照，$\frac{\pi}{a}-(-\frac{\pi}{a})=|\boldsymbol{G}|$），右方向に進む波はブラッグ反射されて左方向に進行し，左に進んだ波はまたブラッグ反射されて右方向に進むからである．このように，次々とブラッグ反射を引き起こしてできた波は，もはやいずれの方向にも進むことができなくなり，定在波となる．この定在波の状態は，(数学的には）それらの進行波を加えたり引いたりすることによって得られ，次のように書かれる．

$$\psi(+) = e^{i\frac{\pi}{a}x} + e^{-i\frac{\pi}{a}x} = 2\cos\left(\frac{\pi}{a}x\right), \tag{9.30}$$

$$\psi(-) = e^{i\frac{\pi}{a}x} - e^{-i\frac{\pi}{a}x} = 2i\sin\left(\frac{\pi}{a}x\right) \tag{9.31}$$

これら定在波の状態に対し，場所 x において電子を見つけ出す確率は次のようになる．

$$\rho(+) = |\psi(+)|^2 = 4\cos^2\left(\frac{\pi}{a}x\right), \tag{9.32}$$

$$\rho(-) = |\psi(-)|^2 = 4\sin^2\left(\frac{\pi}{a}x\right) \tag{9.33}$$

これらを図示した図 9.6 からわかるように，定在波 $\psi(+)$ は陽イオン殻の周囲に電子が集まっている．これに対し，定在波 $\psi(-)$ は陽イオン殻の中間部に集まっている． 一方，進行波に対しては，確率密度 $\rho=\left|\exp\left(i\frac{\pi}{a}x\right)\right|^2=1$ と

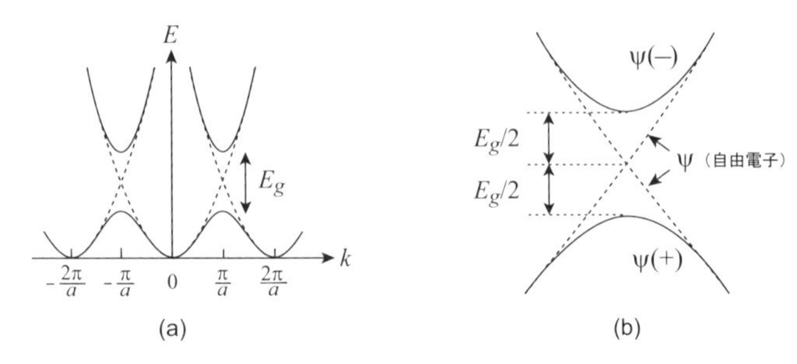

図 9.7　(a) ゾーン境界付近でバンド・ギャップが生じることを示す概念図．(b) は (a) の $k = \pm\frac{\pi}{a}$ 近傍の拡大図である．

なり，場所に依らない．陽イオンと電子が近くにいる場合は，そうでない場合より，クーロン・エネルギーが低くなる．したがって，進行波の状態（自由電子の状態）ψ に比べて，定在波 $\psi(+)$ の状態はエネルギーが低く，$\psi(-)$ の状態はエネルギーが高くなる．これを図示したものが図 9.7(a) である．波数 $\pm\frac{\pi}{a}$ において，破線で示した自由電子の場合に比べて，エネルギーが下がる状態と上がる状態が生じ（図 9.7(b) 参照)，その結果，エネルギー曲線が分裂している．これを**エネルギー・ギャップ**と呼ぶ．

ここまで得た結果を図 9.8 にまとめよう．図 (a) は分散関係であり，図 (b) は状態密度である．状態密度を図 (c) のように表すこともある.（このときの横軸は意味を持たない.）波動関数の重なりが生じた結果，帯のような構造，すなわち「バンド」が生じる.（図 (c) の）帯の縦軸方向の長さは，図 (a) からわかるように，バンドの上端と下端の差を表し，バンド幅と呼ばれる．

図 9.8 には 2 つのバンドが示されている．これらに下から番号をつけ，第 1，第 2 バンドと呼ぶ．第 1 バンドの上端と第 2 バンドの下端には（許される）状態は存在しない．このバンド間のエネルギー差は，すでに学んだエネルギー・ギャップであり，バンド間のギャップであるから**バンド・ギャップ**とも呼ばれる．

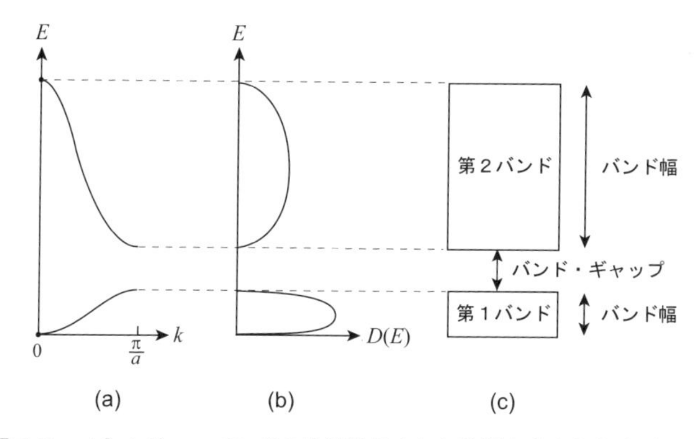

図 **9.8**　エネルギー・バンドの分散関係 (a) と状態密度 (b) および (c).

9-3-3　ブリルアン・ゾーン

簡単のため，本項でも 1 次元を考える．図 9.7(a) を書き直したものを図 9.9(a) に示す．縦軸にはエネルギー，横軸には波数がプロットされている．図からわかるように，エネルギーの波数依存性は周期的である．これは，式 (9.26) で学んだように，周期性に起因する．この性質より，1 周期分のみを考えればよいことがわかる．$-\frac{\pi}{a} < k \leq \frac{\pi}{a}$（$a$ は周期すなわち格子定数）の範囲を選ぶのが通常である．この領域を第 1 ブリルアン（Brillouin）・ゾーンと呼ぶ．これは，格子振動の波（格子波）に関連して 5-4 節で学んだことと同じである．電子の波であれ格子振動の波であれ，周期性が存在すればブリルアン・ゾーンが存在する．「第 1」が存在するのであるから「第 2」も存在する．図に示したように，$-\frac{2\pi}{a} < k \leq -\frac{\pi}{a}$ および $\frac{\pi}{a} < k \leq \frac{2\pi}{a}$ が第 2 ブリルアン・ゾーンである．分断されているが，それらの長さを併せると，第 1 ブリルアン・ゾーンと同じ長さ $\frac{2\pi}{a}$ を持つ．これは，逆格子ベクトルの長さに等しい．同様に，第 3，第 4 と続く．

破線の曲線は自由電子の場合のエネルギー曲線（放物線）であり，ゾーン境界である $k = \pm n\frac{\pi}{a}$（n は正の整数）のところでエネルギー・ギャップの生

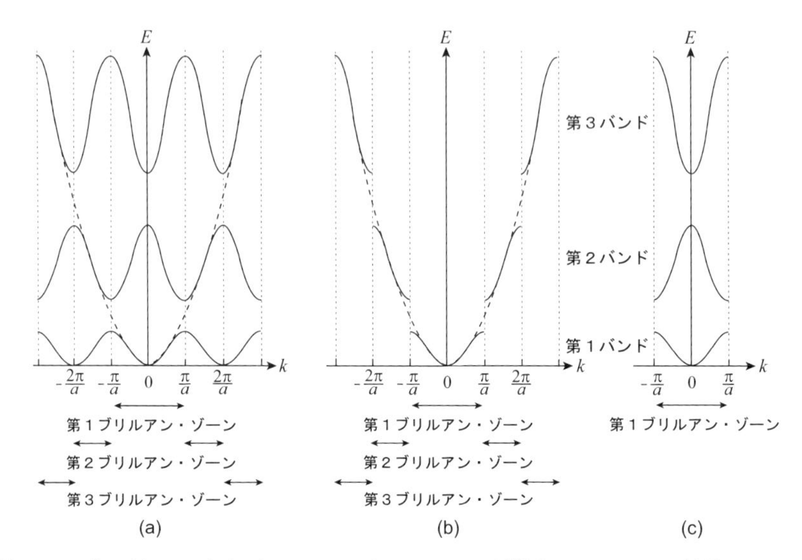

図 9.9　エネルギーバンドとブリルアン・ゾーン．(a) は周期的ゾーン，(b) は拡張ゾーン，(c) は還元ゾーン形式で書かれている．

じていることがわかる．この放物線との関係がわかるようなプロットをすると，図 9.9(b) のようになる．このような書き方は，**拡張ゾーン形式**と呼ばれる．これに対し，図 9.9(a) は**周期的ゾーン形式**と呼ばれる．また，図 9.9(a) において第 1 ブリルアン・ゾーンの部分のみを抜き出した図 9.9(c) は**還元ゾーン形式**と呼ばれる．

それぞれのエネルギー・ギャップを挟んで上と下に曲線が生じる．これらの曲線のおのおのがエネルギー・バンドである．複数存在するバンドを識別するため，下から順番に番号をつけ，第 1 バンド，第 2 バンドと呼ぶことは，前項で述べた通りである．

第 10 章

電流を流す物質，流さない物質
――電気伝導

前章では，エネルギー・ギャップの成因について学んだ．本章では，エネルギー・ギャップと電気伝導の関係について学ぶ．これにより，たとえば，オームの法則をエネルギー・バンドと結び付けて理解できるようになるであろう．

10-1　金属と絶縁体

10-1-1　エネルギー・バンドと金属／絶縁体

結晶格子を考え，各格子点に（同一の）原子を置こう．この結晶中の電子は，図 10.1 に示されるようなエネルギーの分散曲線および状態密度曲線を持つと考える．エネルギーの低いバンドを第 1 バンド，その上のバンドを第 2 バンドと呼ぶことにする．許される波数の数は，結晶中の単位格子の数 N に等しい．各状態（座席）には上向きスピンと下向きスピンを持つ 2 つの電子が入れるので，状態数は $2N$ である．さて，ここに電子をバンドの底から順に詰めていくこととしよう．格子点に置かれた原子は水素原子であるとし，各水素原子の（1 個の）電子は結晶中を動き回ると仮定する．水素原子の数は格子点の数 N に等しく，電子の数も N 個である．したがって，電子を下から詰めていった場合，第 1 バンドの途中まで電子が詰まることになる．この詰まった状態（座席）は，図 10.1(a) においては太線で示され，図 10.1(a′) にお

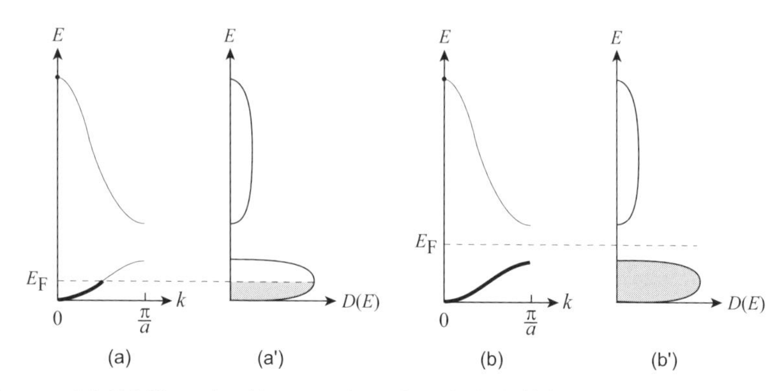

図 10.1　(a) は金属のエネルギー・バンド，(a′) は金属の状態密度の概念図を示す．(b) は絶縁体のエネルギー・バンド，(b′) は絶縁体の状態密度の概念図を示す．

いては陰影で示されている．この最大のエネルギーがフェルミ・エネルギー E_F である．金属では，このような状態が実現している．

格子点に置かれた原子がヘリウムである場合は，電子の総数は $2N$ となり，状態数と同じになる．この時は，第 1 バンドの状態はすべて占有され，空席は存在しなくなる（図 10.1(b),(b′) 参照）．絶縁体では，このような状態が実現している．なお，絶縁体と半導体は，実用的には区別されているが，物理学的には同じものである．

金属と絶縁体・半導体とでは，電子のバンドに対する詰まり方が異なる．これらが電気伝導とどのように関係しているかについて，次節以降で学ぼう．

10-2　金属の電気伝導

10-2-1　結晶中の電子の波束

7-2 節で波束について学んだ．この考え方は，電子に対しても適用される．波数 k の平面波の重ね合わせは，数学的には（1 次元系に対して）次のように書き表される（式 (7.10) 参照）．

$$\psi(x,t) = \int_{k-\Delta k/2}^{k+\Delta k/2} a(k) e^{i(kx-\omega t)} dk \tag{10.1}$$

この波束は，波数に対して Δk の拡がりを持つので，実空間において $\Delta x \sim \frac{1}{\Delta k}$ 程度の広がりを有する．この波束の運動が（古典的な粒子描像の）電子の運動に対応する．また，波束の並進運動の速度は，群速度を与える式 (7.14) より，エネルギー曲線の波数に関する微分で与えられる．

$$v_g = \frac{d\omega}{dk} = \frac{1}{\hbar}\frac{dE}{dk} \tag{10.2}$$

ここで，電子のエネルギーと振動数の関係 $E = \hbar\omega$ を用いた．3 次元に拡張すると，微分演算子を勾配の演算子 $\boldsymbol{\nabla}$ に置き換えて

$$\boldsymbol{v}_g = \frac{1}{\hbar}\frac{\partial E}{\partial \boldsymbol{k}} = \frac{1}{\hbar}\boldsymbol{\nabla}_{\boldsymbol{k}} E \tag{10.3}$$

となる．[1] 自由電子に対しては

$$E = \frac{\hbar^2}{2m}\left({k_x}^2 + {k_y}^2 + {k_z}^2\right) \tag{10.5}$$

であるから，

$$\boldsymbol{v}_g = \frac{\hbar}{m}(k_x, k_y, k_z) = \frac{\hbar}{m}\boldsymbol{k} \tag{10.6}$$

となり，運動量 $\boldsymbol{p}$ を使って書き直せば次が得られる．

$$\boldsymbol{p} = m\boldsymbol{v}_g = \hbar\boldsymbol{k} \tag{10.7}$$

---

[1] 式 (10.3) の微分演算子は見慣れないものかもしれない．これらは次の式で定義される．

$$\frac{\partial E}{\partial \boldsymbol{k}} = \left(\frac{\partial E}{\partial k_x}, \frac{\partial E}{\partial k_y}, \frac{\partial E}{\partial k_z}\right) = \boldsymbol{\nabla}_{\boldsymbol{k}} E \tag{10.4}$$

このような書き方をすると，1 次元系に対する関係式 $\Delta E = v_g(\hbar\Delta k)$ と同じように，3 次元系に対して $\Delta E = \boldsymbol{v}_g \cdot (\hbar\Delta\boldsymbol{k})$ と書かれることが推測されるであろう．これは式 (10.9) の計算において用いられる．

結晶中の電子の場合は，平面波をブロッホ波に置き換えればよい.(以下に見るように，この電子が電気伝導を担うので，伝導電子と呼ばれる.）その波束は，結晶中で局所的な領域にのみ振幅を持つ状態であり，ワニエ（Wannier）関数と呼ばれる関数で表される．群速度なども上で求めたものと同じになる．

電場 $\mathcal{E}$ を外から加えたとしよう．結晶中の電子が，Δt の時間の間に受け取るエネルギーは

$$\Delta E = -e\mathcal{E} \cdot \boldsymbol{v}\Delta t \tag{10.8}$$

となる．ここで，e は電荷素量である.(以下では，群速度を表す添え字 g を省略する.）一方，勾配に関する数学的計算と，式 (10.3) より次式を得る.[2)]

$$\Delta E = \frac{\partial E}{\partial \boldsymbol{k}} \cdot \Delta \boldsymbol{k} = \hbar \boldsymbol{v} \cdot \Delta \boldsymbol{k} \tag{10.9}$$

これを式 (10.8) と比べることにより，次を得る．

$$-e\mathcal{E}\Delta t = \hbar \Delta \boldsymbol{k} \tag{10.10}$$

Δ の付いた量を微小量と考え，次のように微分形式で表す．

$$\hbar \frac{d\boldsymbol{k}}{dt} = -e\mathcal{E} \tag{10.11}$$

これは，波の考え方を使った場合の運動方程式である．

数学的に簡単にするため，1 次元に戻ろう．式 (10.2) より

$$\frac{dv}{dt} = \frac{1}{\hbar}\frac{d}{dt}\frac{dE}{dk} = \frac{1}{\hbar}\frac{d^2E}{dk^2}\frac{dk}{dt} \tag{10.12}$$

これに式 (10.11) を代入すると次が得られる．

$$\frac{dv}{dt} = \frac{1}{\hbar^2}\frac{d^2E}{dk^2}(-e\mathcal{E}) \tag{10.13}$$

---

2) 前頁の脚注 1) を参照されたい．

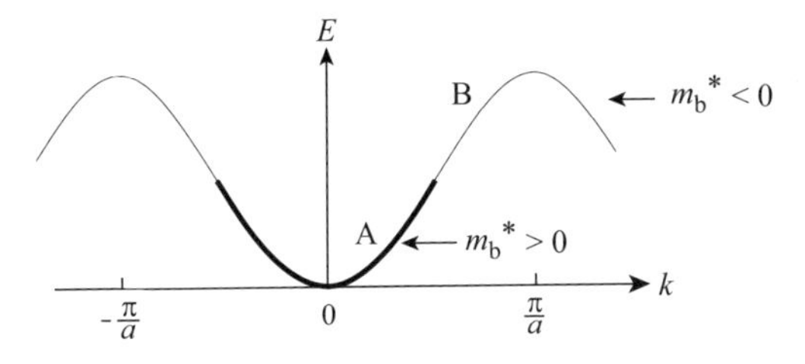

図 10.2　有効バンド質量の説明図.

ここで，次式によって**有効バンド質量** m_b^* を定義する.

$$\frac{1}{m_b^*} = \frac{1}{\hbar^2}\frac{d^2E}{dk^2} \tag{10.14}$$

このとき，式 (10.13) は次のように書かれる.

$$m_b^*\frac{dv}{dt} = -e\mathcal{E} \tag{10.15}$$

これは，電場 $\mathcal{E}$ 中の点電荷 $-e$ に対するニュートン（Newton）の運動方程式であり，粒子的に見た場合の運動方程式に対応する.

有効バンド質量は，バンド曲線の曲率で決まる．したがって，図 10.2 の太線部 A では曲率が正であるためバンド質量は正となるが，細線部 B では負 $m_b^* < 0$ となる．これは，次項で学ぶように，結晶中の電子の不思議な運動を導く.

《発展 1》 3 次元の場合の有効バンド質量は次のように定義される.

$$\left(\frac{1}{m_b^*}\right)_{ij} = \frac{1}{\hbar^2}\frac{\partial^2 E}{\partial k_i \partial k_j} \tag{10.16}$$

これはテンソル量であり，有効質量テンソルとも呼ばれる．自由電子の場合であれば，式 (10.5) より，$m_b^* = m$ である.

10-2-2　電場中の電子の運動：オームの法則

まず初めに，金属中の電子を，箱の中に閉じ込められた古典的な気体とみなそう．金属には（通常）不純物や格子欠陥などが存在し，電子はこれらから散乱を受ける．これを次の微分方程式で表す．

$$m\frac{dv}{dt} = -e\mathcal{E} - \frac{m}{\tau}v \tag{10.17}$$

ここで，電子はその速度に比例する抵抗を受けると仮定し，その比例係数を（次元解析から）m/τ と書いた．τ は時間の次元を持ち，**緩和時間**と呼ばれる．（緩和時間と呼ばれる理由については本項の発展 2 を参照されたい．）また，電子の質量を簡単に m と書いた．定常状態を求めるだけであれば，この微分方程式を解く必要はない．すなわち，定常状態では時間微分はゼロになるから，式 (10.17) は次のように解かれる．

$$v_D = -\frac{e\tau}{m}\mathcal{E} \tag{10.18}$$

定常状態の速度を v_D（**ドリフト速度**）と表した．これは，高校の物理で学ぶ**終端速度**にほかならない．[3)]

電場方向の電流は次のように与えられる．

$$j = -env_D \tag{10.19}$$

ここで，n は単位体積あたりの電子数（つまり数密度）である．これに式 (10.18) を代入することにより次式が得られる．

$$j = \frac{ne^2\tau}{m}\mathcal{E} \tag{10.20}$$

---

3) 電場の代わりに重力を考え，抵抗として空気抵抗を考えれば，空気中を落下する水滴の問題に置き換わる．

これは，電流が電場に比例することを示しており，**オーム**（Ohm）**の法則**にほかならない．また，比例係数 σ は電気伝導度（電気抵抗 ρ の逆数）である．

$$\sigma = \frac{ne^2\tau}{m} \tag{10.21}$$

ここで考えた「すべての電子が電気伝導に寄与する」との立場に立つモデルは，**ドルーデ**（Drude）**・モデル**と呼ばれる．しかし，この古典的な考え方は，実験事実をよく説明するものではあるが，パウリ原理に反するものであり，十分ではない．

次に，エネルギー・バンドにおける電気伝導を考える．自由電子（散乱がない場合に対応）に電場を加えると，電子は連続的に加速され，その速度は際限なく増加する．しかし，結晶中の電子（つまりブロッホ電子）は，これとは質的に異なる振る舞いを示す．図 10.3(a) のバンド（周期的ゾーン形式）を考えよう．負の向きの電場を加えると，電子は正の向きに力を受ける．運動方程式 (10.11) に依れば，（電子を特徴づける）波数の大きさは時間とともに大きくなり，電子を表す"代表点"（図中の黒丸印）は A → B → C と移動していく．

運動方程式 (10.15) を考える．右辺はつねに正である．図 10.3(a) の点 a にある電子は，その点の傾きに相当する群速度 $v(>0)$ と，正のバンド質量 $m_b^* > 0$

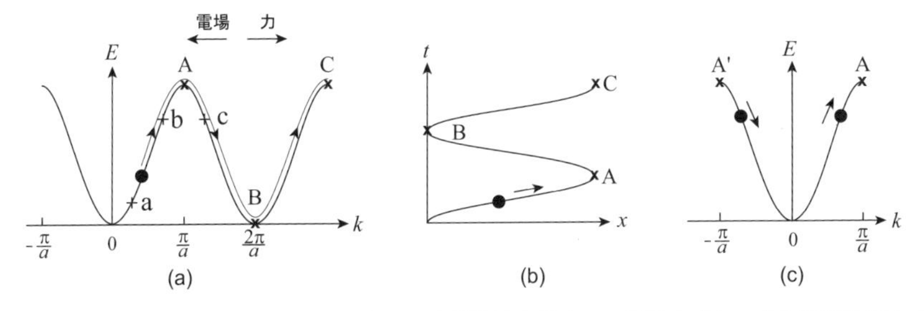

図 10.3　電場中の電子の運動．(a) と (c) は逆格子空間上での運動を表し，(b) は実空間上での運動を表す．

を持つ．したがって，電子は,（自由電子と同じように）右方向に加速されながら運動する．時間が経ち点 b まで来たとすると，群速度は正 $v(>0)$ のままであるが，バンド質量が負 $m_b^* < 0$ となるため，減速される（$\frac{dv}{dt} < 0$）．そしてゾーンの境界 A に達すると，群速度はゼロとなり，電子は静止する．さらに時間が経過すると電子の代表点は右に進むが，点 c においては群速度もバンド質量も負であるから，電子は（力の方向とは逆に）負方向に加速される．点 B に近づくにつれ減速しやがて静止する．以下，これを繰り返す．

これを実空間で考える（図 10.3(b) 参照）．初め x の正方向に運動していた電子は,（図 (a) および (b) の）点 A を過ぎると逆方向に動き出す．そして点 B を過ぎるとまた正方向に運動しだす．

同じことを還元ゾーン形式（図 10.3(c)）で考えてみよう．ゾーン境界の点 A までは，図 10.3(a) の場合と同じである.（ゾーンの境界である）点 A は点 A′ と等価である．これは，点 A にいた電子は，次の瞬間に点 A′ に移ることを意味する．そのあとは，原点に向かって，図 10.3(a) の点 A から点 B までと同じ運動を行う．すなわち，左方向に加速されていたのが次第に減速し，原点に戻ったところで群速度がゼロとなり静止する．

ここまでは 1 個の電子の運動について考えてきたが，金属中のバンドには電子が途中まで（フェルミ・エネルギー E_F まで）詰まっている．この状況を図 10.4(a) に示す．原点（$k = 0$）から右の領域の電子は正の群速度を持っているのに対し，左の領域の電子は負の群速度を持っている．これら 2 つのグループの電子の数は等しい．このため，電場がゼロのとき，電流は存在しない．これに（負の向きに）電場をかけたとしよう（図 10.4(b)）．このとき，電子は右向きの力を受けるから，波数は右にシフトする．散乱がなければ，図 10.3 に示したように，このシフトは時間の経過とともに大きくなるが，実際の金属では散乱があるから，シフトは有限の大きさのところで止まる．ここで原点より右側の電子の数と左側の電子の数を比べると，前者の方が多い．

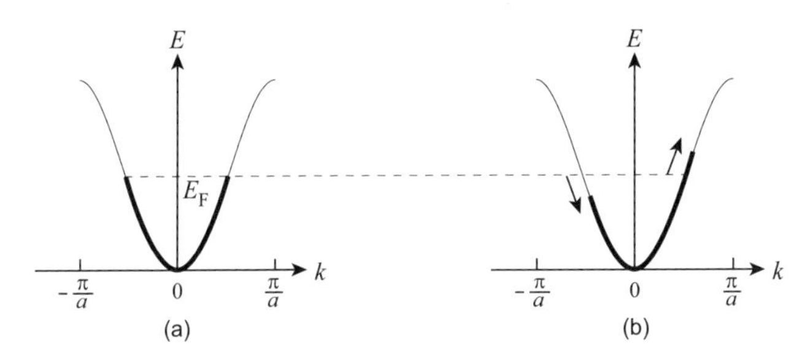

図 10.4　バンド電子に対する電場の効果．(a) は電場がかかっていない状態，(b) は電場がかかっている状態に対応する．

したがって，正の群速度を持った電子の運動に対応した電流が流れる．これが，オームの法則に従って流れる電流である．

本書の範囲を越えるのでここでは証明しないが，線形応答理論と呼ばれる立場に立って計算を行うと次式が得られる．

$$\sigma = \frac{1}{3} {j_{\mathrm{F}}}^2 \tau D(E_{\mathrm{F}}) \tag{10.22}$$

ここで，j_{F} は**フェルミ電流** $j_{\mathrm{F}} = ev_{\mathrm{F}}$ である．電気伝導度は電子の総数には依存せずフェルミ準位にある電子の性質（状態密度）によって決まっている．金属は高い電気伝導度を持つが，その主因は大きなフェルミ電流（フェルミ速度）に依るのである．自由電子気体の場合には，式 (10.22) はドルーデ・モデルと同じ結果を与えることが示される．しかし，金属の場合には，式 (10.22) の方が原理的には優れている．この立場に立って図 10.4 の (a) と (b) を見比べてみよう．(a) の分布と (b) の分布で異なるのは，フェルミ準位 E_{F} 近傍の電子のみである．(E_{F} より深い準位にある電子の分布は電場をかけても変わらない.) 電場によって誘起されたこの変化が電流を担っているのである．

《**発展 2**》 式 (8.40) のフェルミ分布関数を再掲しよう．

$$f_0 = \frac{1}{\exp\left(\frac{E - E_{\mathrm{F}}}{k_{\mathrm{B}}T}\right) + 1} \tag{10.23}$$

これは，電場などの外場がなく，温度が一様な環境下における熱平衡状態を記述している．したがって，この平衡分布は電子の座標などを含んでいない．しかし，電子の散乱を考える場合には，電子の座標 $\boldsymbol{r}$ や波数 $\boldsymbol{k}$ は散乱によって変化するから，分布関数も $\boldsymbol{r}$ や $\boldsymbol{k}$，および時間 t の関数となる．ここではこれを $f(\boldsymbol{r}, \boldsymbol{k}, t)$ と書き表そう．この非平衡状態の分布関数を決めるための方程式はボルツマン方程式として知られている．それを解くことは本書の範囲を越えるので説明しないが，それから得られる結果について簡単に説明する．

最も簡単な解法は，緩和時間の近似を使うことである．それは次のように表される．

$$\frac{\partial f}{\partial t} = -\frac{f - f_0}{\tau} \tag{10.24}$$

τ が緩和時間である．(これは式 (10.17) の緩和時間に対応するものである．) この微分方程式の解は簡単に得られて

$$f = f_0 + \delta f e^{-t/\tau} \tag{10.25}$$

ここで，δf は初期条件から決まる．式 (10.25) は，電場が突然切られたときに，指数関数的に熱平衡状態の分布関数 f_0 に戻ることを意味している．実際に計算すると．次のようになる．

$$f \simeq f_0 + \frac{e}{\hbar}\tau \mathcal{E} \cdot \boldsymbol{\nabla}_{\boldsymbol{k}} f_0 \tag{10.26}$$

式 (10.26) は，次式の右辺をテイラー展開（電場の 1 次の項までの展開）したものと解釈される．

$$f \simeq f_0 \left(\boldsymbol{k} + \frac{e}{\hbar}\tau \mathcal{E} \right) \tag{10.27}$$

関数 f を図示すると図 10.5 のようになる．電子の占有部分が電場によって（右に）シフトしていることがわかる．

電気伝導について，フェルミ球を使って考えてみよう．図 10.5 は，フェルミ球が波数空間の中で電流の流れている方向に（式 (10.27) によれば $\frac{e}{\hbar}\tau\mathcal{E}$ だけ）全体的にシフトしていることを示している．もし散乱がなければフェルミ球はどんどんシフトしていくが，散乱（たとえば占有状態の点 A から非占有状態の点 B への非弾性散乱）があるため，[4] あるところで落ち着いている

[4] 点 A と点 B は中心からの距離が異なるため，それらのエネルギーは同じではない．このため，点 A から B への散乱は非弾性散乱となる．

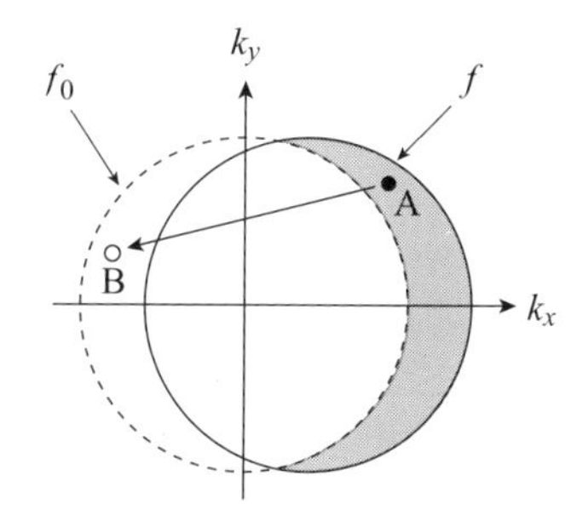

図 10.5　フェルミ分布関数 f に対する電場の効果．

と理解される．ここで，次の注意が必要である．すなわち，フェルミ球の奥深いところにある状態は，パウリの原理によって，電場によって加速されたり不純物によって散乱されたりすることはない．電場や散乱によって影響を受けるのは，フェルミ準位近傍の状態にある電子だけである．

10-2-3　金属の電気抵抗の温度変化

図 9.4 に示したように，金属の電気抵抗は温度を下げるにつれ小さくなる．本項ではこの理由を少し詳しく考えてみよう．第 6 章で学んだように，固体中には格子波を量子化したフォノンが生じている．(これは，金属でも絶縁体でも同じである．) このフォノンは，運動量を持った粒子のように振舞い，電子と衝突することにより，電子の運動量の向きや大きさを変える．これが電気抵抗として観測される．フォノンの数は，式 (6.28) に示したプランクの分布関数に従い，温度が低くなるにつれ減少する．これは，温度降下とともに電気抵抗が小さくなることを意味する．

9-2-1 項で学んだように，電子は不純物によっても散乱される．不純物による散乱とフォノンによる散乱の 2 つがある場合の電気抵抗を考える．まず，散乱の確率は緩和時間の逆数に比例すると考える．次に，2 つの散乱が独立であると仮定する．このとき，散乱の確率は2つの確率の足し算で与えられる．以上より，緩和時間 τ は，2つの緩和時間，すなわち不純物散乱による緩和時間 τ_0，フォノン散乱による緩和時間 $\tau_{\rm ph}$ を用いて，次のように書かれる．

$$\frac{1}{\tau} = \frac{1}{\tau_0} + \frac{1}{\tau_{\rm ph}} \tag{10.28}$$

したがって，電気抵抗は，2つの散乱過程の足し算で与えられる．

$$\rho(T) = \frac{m}{ne^2\tau(T)} = \frac{m}{ne^2\tau_0} + \frac{m}{ne^2\tau_{\rm ph}(T)} = \rho_0 + \rho_{\rm ph}(T) \tag{10.29}$$

ここで，ρ_0 は温度に依存しない残留抵抗，$\rho_{\rm ph}(T)$ はフォノン散乱による電気抵抗で,（上で論じたように）温度の減少とともに小さくなる．式 (10.29) は**マティーセン**（Matthiessen）**則**と呼ばれる．

10-3　絶縁体・半導体の電気伝導

絶縁体・半導体の電気抵抗 R は，金属の場合（図 9.4）とはまったく異なり，温度 T が下がるとともに上昇する（図 10.6(a) 参照）．この理由を考えるため，図 10.7(a) に示したエネルギー・バンドを考えよう．まず，絶対零度の状況を考える．2つのバンドの間にはギャップが存在し，下のバンド（**価電子**

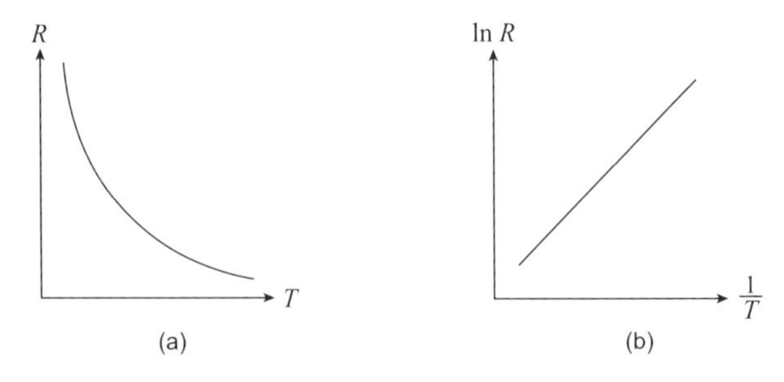

図 10.6　(a) 絶縁体・半導体の電気抵抗の温度依存性と (b) アレニウス・プロット．

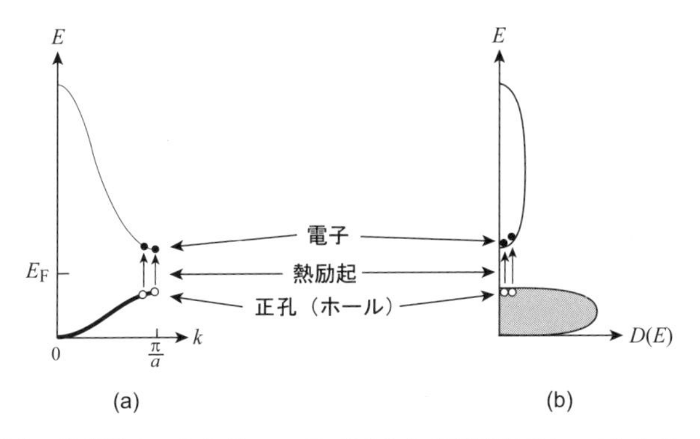

図 **10.7**　絶縁体・半導体のエネルギー・バンド (a) と状態密度 (b)．エネルギーが低い方のバンドは価電子バンドと呼ばれ，高い方は伝導バンドと呼ばれる．

バンド）は完全に占有され，上のバンド（**伝導バンド**）はすべて空いている．（フェルミ・エネルギー E_F はバンド・ギャップの中に位置する．）これを状態密度を使って表せば図 10.7(b) のようになる．ここに電場をかけたとしても，電子の占有状態に変化は生じない．これは金属における状況（図 10.4(b)）とは異なり，絶縁体・半導体では電流が流れないことを意味する．すなわち，絶対零度で電気抵抗は無限に大きい．

次に温度を上げよう．すると，価電子バンドの中にいた電子は熱エネルギー k_BT をもらい，ギャップを飛び越えて伝導バンドに励起される．これはちょうど，1 階席にいた電子が 2 階席に押し上げられるようなものである．このとき，伝導バンドに励起される電子の数 n はボルツマン因子に比例し，次式で与えられる．

$$n \propto \exp\left(-\frac{E_g}{2k_BT}\right) \tag{10.30}$$

ここで，E_g はギャップ・エネルギーである．温度 T が上がれば上がるほど電子数 n は増加する．これは，式 (10.21) より，温度上昇とともに電気抵抗が小さくなることを意味する．また，価電子バンドにできた穴（空孔）も電流を流すことができ，これは**ホール**（**正孔**）と呼ばれる．このホールの数も温度の上昇とともに多くなるため，電気抵抗は温度上昇とともにますます小さくなる．これらより，電気抵抗 R は次のような温度依存性を示すことがわかる．

$$R \propto \exp\left(\frac{E_{\rm g}}{2k_{\rm B}T}\right) \tag{10.31}$$

これが図 10.6(a) の説明である．また，式 (10.31) を変形して次を得る．

$$\ln R \propto \frac{E_{\rm g}}{2k_{\rm B}T} \tag{10.32}$$

縦軸に R の対数プロット，横軸に温度の逆数をプロットすると（**アレニウス** (Arrhenius)**・プロット**と呼ばれる），図 10.6(b) のような直線が得られる．この傾きから，ギャップ・エネルギー $E_{\rm g}$ を実験的に決めることができる．

絶縁体のギャップ・エネルギーは半導体に比べ桁違いに大きいため，室温においても励起されている電子（およびホール）の数は半導体に比べ少ない．したがって，電気抵抗は半導体に比べ桁違いに大きい．半導体においては不純物は電気伝導に大きな効果をもたらすが，本書では述べない．参考書は数多く存在するので，それらを参照してほしい．

第 11 章

多体問題の面白さ
——磁石と超伝導体

格子波における原子は，バネを通し，それらの間に相互作用が存在していた．一方，自由電子モデルにおいては，電子間に働くはずの相互作用を無視した．本章では，電子間の相互作用を考慮して初めて理解できる磁性（磁石）と超伝導の基礎を学習する．これらの学習を通して，物性論に対し量子力学がどのように利用されているかを学ぶ．

11-1　磁石

11-1-1　物質の磁性

私たちの身の回りには，磁石にくっつくものもあれば，まったく応答しないものもある．これらの性質で物質を分類すると，**強磁性体**（いわゆる磁石）とその仲間（**反強磁性体**と呼ばれる），**常磁性体**，**反磁性体**がある．[1] これらは，磁場をかけた時の応答の違いで区別される．もっとも身近な方位磁石は，その名が示す通り磁石すなわち強磁性体である．磁石は，外から磁場をかけなくても，**磁化**と呼ばれる物理量（ベクトル量）を持っている．この磁化ベクトル $\boldsymbol{M}$ は，方位磁石の N 極，S 極と図 11.1(a) に示したような方向関係を

[1] 反強磁性体と反磁性体は言葉は似ているが内容は全く異なるので，注意が必要である．

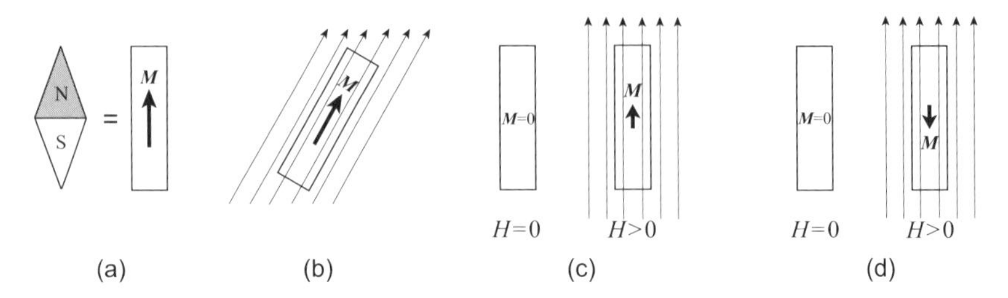

図 11.1 (a) 方位磁石と磁化ベクトル $\boldsymbol{M}$．(b) 磁化ベクトル $\boldsymbol{M}$ は磁場の方向に向く．(c) 常磁性の概念図．(d) 反磁性の概念図．

持っている．また，$\boldsymbol{M}$ の大きさは，磁性体としての強さを表す．この磁石に外から磁場をかけよう．すると，磁化ベクトルは磁場の方向に向きを変える（図 11.1(b) 参照）．これは，方位磁石が地磁気（地球が作る磁場）の方向に向くのと同じことである．

磁石はいつも磁石であるわけではない．どんな磁石も温度を上げると磁石の性質を失ってしまう．ここで「磁石の性質を失う」という意味は，「外から磁場をかけなくてもゼロでない $\boldsymbol{M}$ を有する」という性質を失うことである．この磁石の性質を失う温度を**キュリー**（Curie）**温度**と呼ぶ．このキュリー温度は物質によって大きく変わり，室温より低いものもあれば，高いものもある．私たちが磁石と呼ぶもののキュリー温度は，室温より十分高い．

キュリー温度より高温の状態は**常磁性状態**と呼ばれる．これに対し，キュリー温度より低温の状態は**強磁性状態**あるいは**強磁性秩序状態**と呼ばれる．常磁性状態では磁場をかけない限り磁化はゼロであるが，磁場をかけると，磁場の方向に磁化が誘起される（図 11.2(c) 参照）．その大きさはかけた磁場 $\boldsymbol{H}$ の大きさに比例し（磁場が小さい領域），次のように書かれる．

$$\boldsymbol{M} = \chi \boldsymbol{H} \tag{11.1}$$

ここで，χ は磁化率（あるいは**帯磁率**）と呼ばれ，磁化されやすさを表す．つまり，同じ大きさの磁場をかけた場合に，磁化率の大きな磁性体は（小さな磁性体に比べ）大きく磁化する．

物質の中には，加えた磁場とは逆の方向に磁化されるものもある（図 11.1(d) 参照）．これは**反磁性体**と呼ばれる．この場合も磁場をかけない限り磁化は生ぜず，式 (11.1) が成り立つ．ただし，磁化率の符号は，常磁性状態において $\chi > 0$ であるのに対し，反磁性体では $\chi < 0$ であることに注意されたい．反磁性体の例として，水や氷が挙げられる．一般に反磁性体の磁化率は小さいので実験で確かめるのは容易ではないが，強い磁石を氷に近づけてみると，磁石に反発することがわかるであろう．

11-1-2　ミクロな電流と磁場

方位磁石を 2 つに分割すると，そのそれぞれに N 極と S 極が生じる（図 11.2(a) 参照）．さらに分割をしてもやはり N 極と S 極が生じる．この操作を原子程度の大きさまで繰り返したとしても，同様に N 極と S 極が生じるであろう．この理由は，1 個の原子が磁石の性質，すなわち周囲に磁場を作り出す性質を持っているからである．以下ではこれをミクロ磁石あるいは原子磁石と呼ぶことにしよう．

ミクロ磁石の原因は，電子の軌道運動にある．図 11.2(b) に概念的に示すように，電子は原子核の周囲を運動している．この古典的描像は，太陽の周り

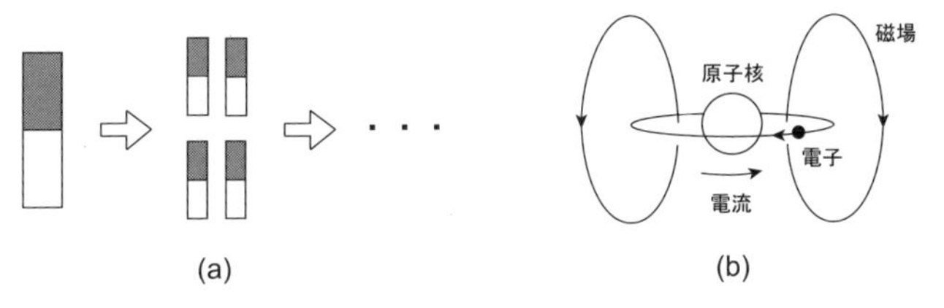

図 11.2　(a) 磁石の分割．(b) ミクロ磁石（原子磁石）の概念図．

を周回運動する地球と同じである．電子は電荷を帯びているから，電子の軌道運動は電流（電子の運動方向とは逆方向）を生じる．電流が流れれば，エールステッド（Oersted）が発見したように，磁場が生じる．したがって，原子の周囲にも磁場が生じる．これがミクロ磁石の起源である．

一個一個のミクロ磁石の性質を特徴づける物理量は**磁気双極子モーメント**（あるいは単に磁気モーメント）$\boldsymbol{m}$ と呼ばれる．これも磁化ベクトル $\boldsymbol{M}$ と同じようにベクトル量であり，$\boldsymbol{m}$ をベクトル的に足し合わせたものが $\boldsymbol{M}$ である．

$$\boldsymbol{M} = \boldsymbol{m}_1 + \boldsymbol{m}_2 + \boldsymbol{m}_3 + \cdots + \boldsymbol{m}_N \tag{11.2}$$

ここで，ミクロ磁石に1から番号を振り，単位体積に含まれるミクロ磁石の数を N と置いた．式 (11.2) で重要なことは，ベクトルの足し算であることである．前項で，磁石の温度を上げると磁石の性質が失われる（すなわち常磁性状態になる）ことを学んだが，これは，各原子のミクロ磁石 $\boldsymbol{m}$ がゼロになることを意味しているわけではなく，それを足し合わせた $\boldsymbol{M}$ がゼロになっていることを示している．後に学ぶように（11-1-5 項を参照），$\boldsymbol{m}$ がランダムに配列すると，個々の $\boldsymbol{m}$ はゼロでないにも関わらず，磁化 $\boldsymbol{M}$ はゼロとなる．

【補足 1】 ここでは各原子のミクロ磁石（磁気モーメント）がゼロでない場合を考えている．これに対し，磁気モーメントそれ自身が磁場によって誘起される物質も存在する．これは，電場によって誘起される電気双極子と同じである（図 3.6 参照）．たとえばヘリウム原子を考えると，電場ゼロの環境下では電気的に中性であるとともに電気双極子も持っていないが，電場をかけることにより，原子核と電子は逆向きに力を受け，その結果，正の電荷の中心と負の電荷の中心がずれ，電気双極子モーメントを有するようになる．これと同じように，磁場をかけないときは磁気モーメント $\boldsymbol{m}$ を持たないが，磁場をかけると持つようになる原子・分子が存在する．このような原子・分子からなる物質は常磁性を示す，すなわち式 (11.1) において $\chi > 0$ である．[2)]

[2)] ヴァン・ヴレック（Van Vleck）**常磁性**については，たとえば文献 [3] を参照されたい．

個々の原子・分子が（磁場をかけなくても）ゼロでない $\boldsymbol{m}$ を持つ物質は，温度をキュリー温度以下に冷やせば必ず強磁性（あるいは反強磁性）状態に秩序化する．（ここで「秩序化する」とは，向きを揃えることを意味する．）これに対し，磁場をかけることによって初めて $\boldsymbol{m}$ が生じる物質は，（ゼロ磁場で）温度を下げても秩序化しないであろう．このように，いくら冷やしても常磁性に留まる物質が常磁性体である．

次の発展 1 で計算されるように，磁気モーメント $\boldsymbol{m}$ は軌道角運動量 $\boldsymbol{l}$ と次式によって関係づけられる．

$$\boldsymbol{m} = -\frac{e\hbar}{2mc}\boldsymbol{l} \equiv -\mu_{\mathrm{B}}\boldsymbol{l} \tag{11.3}$$

ここで，$\mu_{\mathrm{B}} \equiv e\hbar/2mc\ (= 0.927 \times 10^{-20}\ \mathrm{emu})$ はボーア（Bohr）磁子であり，磁気モーメントの単位となる．

電子は，軌道角運動量のほかにスピン角運動量と呼ばれる運動量を持っている．第 8 章では，これを単にスピンと呼んだ．スピン角運動量の起源を説明することは難しいが（文献 [3] 参照），[3] 直感的には地球の自転に対応すると思えばよい．このスピン角運動量 $\boldsymbol{s}$ もまた磁気モーメントと次のように関係づけられる．

$$\boldsymbol{m} = -g\mu_{\mathrm{B}}\boldsymbol{s} \quad (g \simeq 2) \tag{11.4}$$

軌道角運動量の場合と異なり，比例係数が g 因子の分（約 2 倍）だけ異なる．

《発展 1》 電子の軌道運動は，次の軌道角運動量 $\boldsymbol{l}$ で表現される．

$$\boldsymbol{l} = \int \boldsymbol{r} \times \boldsymbol{p}\, dV = \int \boldsymbol{r} \times (\rho_m \boldsymbol{v})\, dV \tag{11.5}$$

ここで，ρ_m は質量密度，$\boldsymbol{v}$ は電子の速度，V は体積である．一方，磁気双極子モーメントは次式のように表される．

$$\boldsymbol{m} = \frac{1}{2c}\int \boldsymbol{r} \times \boldsymbol{i}\, dV = \frac{1}{2c}\int \boldsymbol{r} \times (\rho_e \boldsymbol{v})\, dV \tag{11.6}$$

[3] シュレーディンガー方程式は相対論的な要請を満たしていない．これを解決したディラック（Dirac）の相対論的電子論によれば，スピンは電子の属性として自然に導出される．

ここで，c は光速，$\boldsymbol{i} = \rho_e \boldsymbol{v}$ は電流密度，ρ_e は電荷密度である.[4] $\rho_m = nm$，$\rho_e = -ne$（n は数密度）を用い次式を得る.

$$\boldsymbol{m} = \frac{1}{2c} \int \boldsymbol{r} \times \frac{\rho_e}{\rho_m} (\rho_m \boldsymbol{v}) \, dV = -\frac{e}{2mc} \boldsymbol{l} \tag{11.7}$$

比例係数 $e/2mc$ は gyromagnetic ratio と呼ばれる．軌道角運動量を $\hbar \boldsymbol{l}$ と書き直すと（$\hbar$ を単位として測る），上式は次のように書かれる.

$$\boldsymbol{m} = -\frac{e\hbar}{2mc} \boldsymbol{l} \equiv -\mu_{\mathrm{B}} \boldsymbol{l} \tag{11.8}$$

11-1-3　ミクロ磁石の向きを揃える力：交換相互作用

私たちの周囲を見渡すと，磁石はほとんど存在しない．磁石になるのは，（通常）鉄やガドリニウムなどの遷移元素や希土類元素を含んだものに限られる．これら遷移元素や希土類元素の中には多くの電子が存在するが，磁石の原因になるのは d 電子や f 電子である．これら d 電子や f 電子も 1 個の原子（鉄やガドリニウムなど）の中に複数個含まれる．経験的に，これらの電子のスピンは，図 11.3(b) に示したように，みな同じ向きを向いていることが知られている（**フント**（Hund）**則**と呼ばれる）.[5] ここで，スピンは角運動量であるからベクトルであり，矢印で表される．たとえば，右回りに回転するとき，

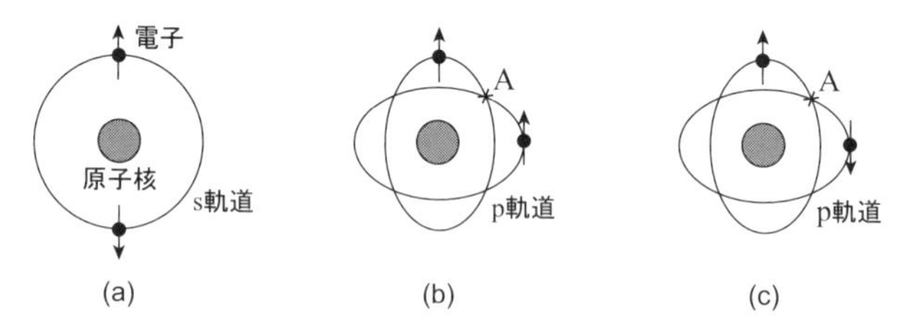

図 11.3　交換相互作用の説明図.

---

[4] 式 (11.6) を積分すると，電磁気学で学ぶ関係 $\boldsymbol{m} = \frac{1}{c} J \boldsymbol{S}$ が得られる．$\boldsymbol{S}$ は電流 J の作るループに垂直なベクトルで，その大きさはループの面積に等しい．なお，式 (11.6) などに光速が現われるのは CGS 単位系を採用したためである.

[5] 厳密には，フントの第 1 ルールと呼ばれる.

右ねじの進む方向に矢印を書けばよい．

磁石では，外から磁場をかけなくても，（磁性原子の持つ）スピンの向きが揃っている．このスピンの向きを揃える力（相互作用）は，**交換相互作用**と呼ばれる．これを理解するためには，量子力学の知識が必要となる．ここでは，直感的な理解が得られるようにしよう．まず，量子力学の世界の素粒子（電子など）にはフェルミ粒子とボース粒子の 2 つがあり，電子などのフェルミ粒子にはパウリの排他原理が働くことを思い出そう．ここでパウリの排他原理というとき，「同じ量子状態に電子が 2 つ入ることはできない」ことを意味する．（図 11.3(a) に示したように，同じ軌道状態に電子が 2 個入る場合，それらのスピンは逆向きである．）しかし，パウリの排他原理にはもう 1 つの（広義の）意味があって，それは「異なる軌道上にある電子であっても同じ向きのスピンを持った電子は同じ場所に来られない」とするものである．これを念頭に置いて，図 11.3 の (b) と (c) を見比べよう．スピンの向きが反対であれば（図 (c)），パウリの原理は働かないから，電子は互いに（たとえば場所 A 付近で）近づくことができ，その結果大きな斥力が生じてエネルギーが高くなってしまう．これに対し，スピンの向きが同じであれば（図 (b)），パウリ原理によって互いに近づくことは許されないから，斥力も大きくならずに済む．エネルギーの低い状態が実現することを考えると，スピンの向きを揃えた状態が実現することになる．これがフント則を与える．

《発展 2》 量子力学を用いてパウリの排他原理を理解するため，同一原子に属する 2 電子（添え字の 1, 2 で区別する）のハミルトニアンを考える．

$$\mathcal{H} = \mathcal{H}_0(\boldsymbol{r}_1) + \mathcal{H}_0(\boldsymbol{r}_2) + \frac{e^2}{|\,\boldsymbol{r}_1 - \boldsymbol{r}_2\,|} \tag{11.9}$$

第 1, 2 項は，それぞれの電子が原子核からのクーロン引力を感じながら運動する 1 電子ハミルトニアンであり，運動エネルギーと原子核からのクーロン・ポテンシャルエネルギーの和である．第 3 項は 2 電子間のクーロン斥力を表す．上向きスピンを持つ 2 個の電子が各々軌道 φ_a と φ_b に入っているとしよう．このとき，次の 2 つの状態を考えることができる．

$\phi_{\rm A} = \varphi_a(\boldsymbol{r}_1)\varphi_b(\boldsymbol{r}_2)$（電子 1 が軌道$\varphi_a$に入り，電子 2 が$\varphi_b$に入っている状態）
$\phi_{\rm B} = \varphi_a(\boldsymbol{r}_2)\varphi_b(\boldsymbol{r}_1)$（電子 2 が軌道$\varphi_a$に入り，電子 1 が$\varphi_b$に入っている状態）

これらの状態は本来区別できないので（観測によってわかることは φ_a および φ_b に 1 個ずつ電子が入っていることだけである），求める波動関数はこれらの線形結合 $\phi_{\rm A} \pm \phi_{\rm B}$ であると考えられる．一方，フェルミ粒子の波動関数は，粒子の入れ替えによって符号を反転しなければならない．これは「波動関数の反対称化」と呼ばれ，数学的には次のような**スレイター**（Slater）**波動関数**で表現される．

$$|\varphi_a \uparrow \varphi_b \uparrow\rangle \equiv \frac{1}{\sqrt{2}} \begin{vmatrix} \varphi_a(\boldsymbol{r}_1)\uparrow & \varphi_a(\boldsymbol{r}_2)\uparrow \\ \varphi_b(\boldsymbol{r}_1)\uparrow & \varphi_b(\boldsymbol{r}_2)\uparrow \end{vmatrix} \tag{11.10}$$

たとえば，電子の番号 1 と 2 とを入れ替えれば，次のように符号が変わることがわかる．

$$\frac{1}{\sqrt{2}} \begin{vmatrix} \varphi_a(\boldsymbol{r}_2)\uparrow & \varphi_a(\boldsymbol{r}_1)\uparrow \\ \varphi_b(\boldsymbol{r}_2)\uparrow & \varphi_b(\boldsymbol{r}_1)\uparrow \end{vmatrix} = -\frac{1}{\sqrt{2}} \begin{vmatrix} \varphi_a(\boldsymbol{r}_1)\uparrow & \varphi_a(\boldsymbol{r}_2)\uparrow \\ \varphi_b(\boldsymbol{r}_1)\uparrow & \varphi_b(\boldsymbol{r}_2)\uparrow \end{vmatrix} \tag{11.11}$$

また，行列式の性質から，$\varphi_a = \varphi_b$ であれば，$|\varphi_a \uparrow \varphi_a \uparrow\rangle = 0$ となることがわかる．これは，同じスピンを持つ電子が同一軌道に入れないことを示すパウリの排他原理である．また，$\varphi_a \neq \varphi_b$ であっても（すなわち異なる軌道上であっても），$\boldsymbol{r}_1 = \boldsymbol{r}_2$（かつ平行スピン）であればやはり $|\varphi_a(\boldsymbol{r}_1) \uparrow \varphi_b(\boldsymbol{r}_1) \uparrow\rangle = 0$ となる．これも（広義の）パウリの排他原理であり，同じスピンを持った 2 電子は，同一の場所に来ることができない．

2 つのスピン $\boldsymbol{s}_1$, $\boldsymbol{s}_2$ の間の向きに関して働く力（相互作用）を次式のように書き表そう．

$$\mathcal{H} = -2J\boldsymbol{s}_1 \cdot \boldsymbol{s}_2 \tag{11.12}$$

これは，**ハイゼンベルク**（Heisenberg）**・ハミルトニアン**と呼ばれ，**交換相互作用の大きさ** J が正のとき，スピン $\boldsymbol{s}_1$ とスピン $\boldsymbol{s}_2$ は互いに向きを揃えた方がエネルギーが低くなることを表す．これはまさにフント則を表している．

《発展 3》 本項で学んだことを色々な原子に適用してみると，多くの原子が磁気モーメントを有していることに気づくであろう．しかし，身の回りを見渡すと，磁石はほとんど存在しない．実は，原子が磁気モーメントを持っていても，分子や結晶というように多くの原子が組み合わさると，磁性は消える（弱くなる）傾向がある．これを，水素分子を例にとって考えてみよう．9-1-1 項で学んだように，水素分子軌道には，結合軌道 ϕ_s と反結合軌道 ϕ_a の 2 つがある．[6] ϕ_s に 2 つの電子を詰めてみよう（図 11.4 参照）．結合軌道は電子を入れ替えても波動関数の符号を変えない．したがって，スピン部分が反対称になっていなければならない．これは，スピンが反対向きになるように詰まることを意味する．これら 2 つのスピンをベクトル的に足し合わせれば，合成スピンがゼロとなることがわかる．これは磁性を持たないことを示す．一方，ϕ_a は，軌道部分が反対称であるから，スピン部分は対称，すなわち磁性を持つ．結合軌道 ϕ_s の方がエネルギーが低いので，非磁性の水素分子が実現する．これより，水素原子で持っていた磁性が水素分子で失われることがわかる．

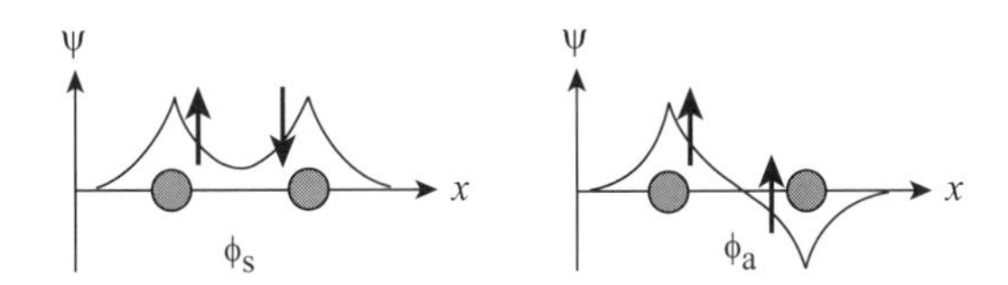

図 11.4　水素分子の結合軌道 ϕ_s と反結合軌道 ϕ_a．(a) では 2 個の電子スピンは反平行（合成スピンが 1 重項 $S = 0$）であるが，(b) では平行（スピン 3 重項 $S = 1$）である．

11-1-4　局在電子と遍歴電子

前項では 1 つの原子の中の電子を考えた．これら原子が多数並んだ結晶を考えよう．最も簡単な例として，水素原子からなる固体を考えよう．図 11.5(a) では，隣り合う原子の 1s 軌道間には重なりがない．このときは，(たとえば) 一番左の原子に属する電子は，いくら時間が経過しても同じ原子に留まっている．このような電子は**局在電子**と呼ばれる．これに対し，図 11.5(b) では，

[6] ϕ_s の s は symmetric の s，ϕ_a の a は antisymmetric の a である．

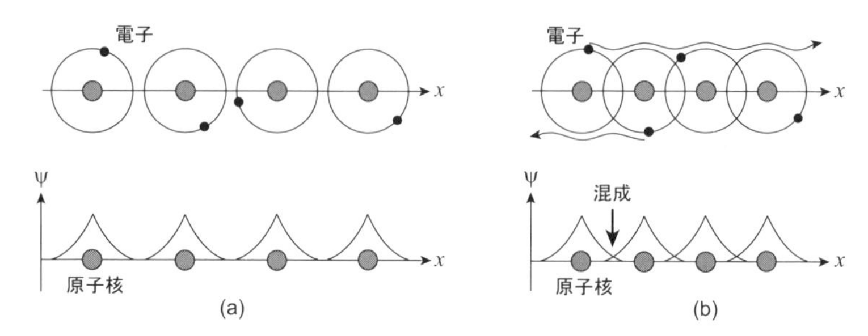

図 11.5　局在電子 (a) と遍歴電子 (b) の（実空間における）概念図.

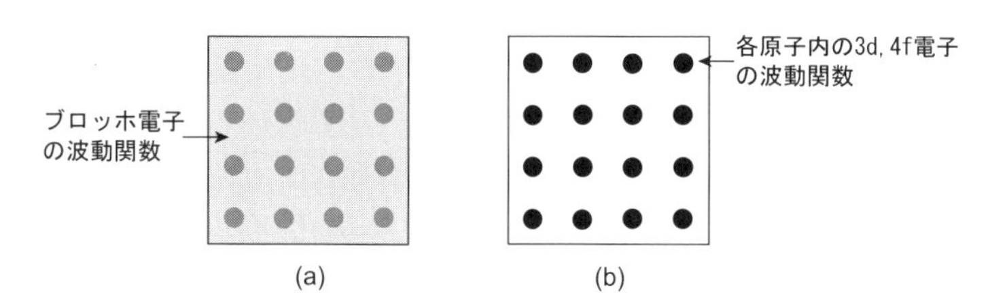

図 11.6　実際の固体における遍歴電子 (a) と局在電子 (b) の波動関数.

軌道間に重なりがあるから，左端の原子に属していた電子は，どんどん右の原子に移っていくことが可能である．これは**遍歴電子**と呼ばれる.[7] 電子の間にはクーロン相互作用が働くはずであるが，この相互作用を無視するとき，遍歴電子は自由電子（もっと正確にはブロッホ電子）となる．

現実の物質中には，局在電子と遍歴電子の両方が混在している．たとえば，希土類金属のガドリニウム Gd においては，外殻の s 電子や p 電子が混成しエネルギー・バンド（ブロッホ電子）を形成している（図 11.6(a) 参照）．一方，ミクロ磁石を作る 4f 電子は，原子の内側に存在するため周りと混成せず，金属中でも局在している（図 11.6(b) 参照）．これらの電子は互いに力を及ぼし合い，面白い現象を生み出すが（たとえば磁性が超伝導を生みだすなど），本書の範囲を越えるので，興味のある読者は文献 [3] などを参照されたい．

---

[7] 波動関数が重なっていても，電子間のクーロン斥力によって局在する場合もある．

11-1-5　局在電子系における相転移

水が氷や水蒸気に変化することを**相転移**と呼ぶ．水，氷，水蒸気のそれぞれは温度や圧力によって決まる状態（相と呼ばれる）であり，それら相の移り変わりが相転移である．相転移が生じる理由は，熱統計力学で学ぶ自由エネルギー F を考えることによって理解される．

$$F = E - TS \tag{11.13}$$

ここで，E は**内部エネルギー**であり，S は**エントロピー**である．E はスピン間に働く交換相互作用によるエネルギー，S はスピンの向きの配列の乱雑さを表す．(E や S がどのように計算されるかは，磁石を例として以下で詳しく論じる.) これらを温度 T の関数として表すと，図 11.7 のようになる．S は正であるから，式 (11.13) の第 2 項（$-TS$）は右下がりのグラフとなる．絶対零度では，エントロピー項（式 (11.13) の第 2 項）の方が内部エネルギー項（第 1 項）より上に出ると仮定した．(そうでないと，相転移は生じない.) 自然界では，F の小さい状態が実現する．したがって，(図 11.7 において) 絶対零度から T_{c} の温度までは「曲線 E 上の（陰影を施した）状態（秩序相）」が実現し，T_{c} より高温では「曲線 $-TS$ 上の（陰影を施した）状態（無秩序相）」が実現する．このとき，**相転移温度** T_{c} において相転移が生じることになる．

さて，磁石においても，「ある温度以上に温めると磁石の性質が消える」と

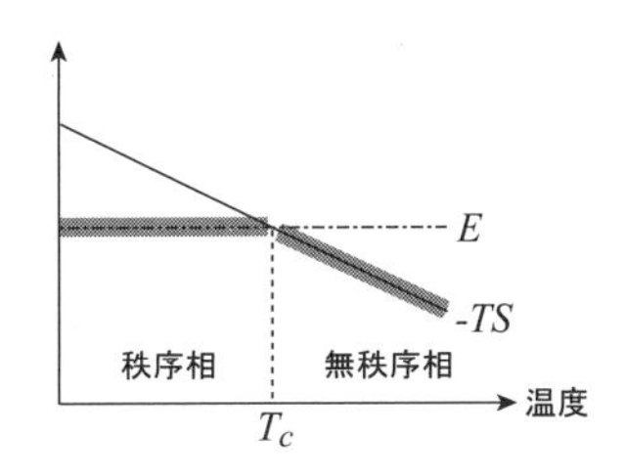

図 11.7　自由エネルギーと相転移．T_{c} は相転移温度を表す．

いう相転移が生じる．この磁石が磁石でなくなる温度は，その発見者の名を冠し，キュリー温度と呼ばれている．相転移は物理学の中で重要な概念であるので，以下で少し詳しく計算してみよう [3].

各原子はスピン $\boldsymbol{s}$ を持ち，それらの間に交換相互作用が働くとする．計算（議論）を簡単にするために，式 (11.12) の代わりに，次のハミルトニアンを用いよう．[8)]

$$\mathcal{H} = -\frac{J}{2}\sigma_i\sigma_j \tag{11.14}$$

ここで，σ はスピンであると考えてもよいし，磁気（双極子）モーメントであると考えてもよい．(それらの間には式 (11.4) の比例関係が成り立っている．) 変数 σ は 1 か -1 の 2 通りの値をとるとし，$\sigma = 1$ は磁気モーメントが上向き（スピンが下向き）の状態，$\sigma = -1$ は磁気モーメントが下向き（スピンが上向き）の状態を表すとする．これは**イジング**あるいは**アイシング** (Ising)・**モデル**と呼ばれる．

自由エネルギーを計算するため，相互作用エネルギー（の期待値）E を計算すると次のようになる．

$$E = -\frac{J}{2}\left(\langle N_{++}\rangle + \langle N_{--}\rangle - \langle N_{+-}\rangle\right) \tag{11.15}$$

ここで，$\langle N_{++}\rangle, \langle N_{--}\rangle$ および $\langle N_{+-}\rangle$ は，各々↑↑ペア，↓↓ペアおよび↑↓ペアの期待値である（図 11.8(a) 参照）．上向き磁気双極子の数を N_+，下向き磁気双極子の数を N_-，磁気双極子の総数を $N = N_+ + N_-$ と置くとき，平

[8)] 式 (11.12) のスピン間の内積の部分を計算すると $s_1^x s_2^x + s_1^y s_2^y + s_1^z s_2^z$ となるが，3 成分の内 z 成分のみを残すと，$s_1^z s_2^z$ となる．さらに変数を s から σ に置き換えると，式 (11.14) が得られる．2 つのスピンが互いに平行である場合，式 (11.12) の右辺は $-J/2$ となる．これと同じ値になるためには，式 (11.14) において $\sigma = \pm 1$ でなければならない．x, y 成分を取り除き z 成分のみを残したことによって量子効果が失われ，式 (11.14) は古典的なモデルとなる．

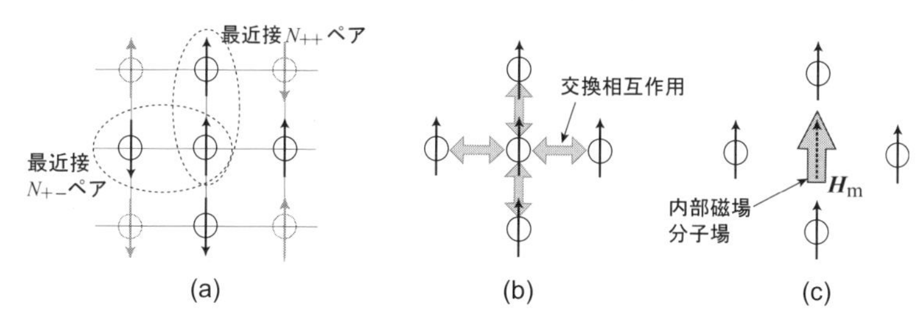

図 11.8　イジング・モデル．強い 1 軸異方性のため，スピン（磁気双極子）は上向きあるいは下向きしかとれない．(c) の大きな矢印は，分子場 H_m を表す．

行ペア数の期待値は，次のように表される．

$$\langle N_{++}\rangle = N_+\left(z\frac{N_+}{N}\right)\times\frac{1}{2},\quad \langle N_{--}\rangle = N_-\left(z\frac{N_-}{N}\right)\times\frac{1}{2} \tag{11.16}$$

ここで，z は隣接原子対の数である．括弧の因子は隣接する原子が同じ向きである確率を表し，因子 1/2 はペアを 2 度数えることの補正である．反平行ペア $\langle N_{+-}\rangle$ の場合には 2 重に数えることはないから，因子 1/2 は生じない．

$$\langle N_{+-}\rangle = N_+\left(z\frac{N_-}{N}\right) \tag{11.17}$$

以上より，相互作用エネルギー E は

$$E = -\frac{Jz}{2}\left(\frac{1}{2}N_+\frac{N_+}{N}+\frac{1}{2}N_-\frac{N_-}{N}-N_+\frac{N_-}{N}\right) = -\frac{zJ}{4N}M^2 \tag{11.18}$$

となる．ここで，$M = N_+ - N_-$ は μ_{B} を単位とする磁化である．絶対零度では，M が最大の状態，すなわち全ての磁気双極子（スピン）が揃った強磁性状態が実現する（図 11.8(b)）．

次に，各格子点に上向き磁気双極子または下向き磁気双極子を配置することを考えよう．エントロピーを理想的混合のエントロピーと考えると，N 個の格子点に上向き磁気双極子を N_+ 個，下向き磁気双極子を $N_- = N - N_+$ 個配置する方法の数 W は

$$W = \frac{N!}{N_+!(N-N_+)!} = \frac{N!}{N_+!N_-!} \tag{11.19}$$

となる．スターリングの公式，$\ln N! \simeq N\ln N - N$ $(N \gg 1)$，および $N_+ = (N+M)/2$，$N_- = (N-M)/2$ を用いると，次式が得られる．

$$S = -k_{\rm B}\left(\frac{N+M}{2}\ln\frac{N+M}{2N} + \frac{N-M}{2}\ln\frac{N-M}{2N}\right) \tag{11.20}$$

以上をまとめて，M および H を変数として含む**ランダウの自由エネルギー**と呼ばれる関数が次のように求まる．

$$\begin{aligned} F(M;T,H=0) &= E - TS \\ &= -\frac{zJ}{4N}M^2 + k_{\rm B}T\left(\frac{N+M}{2}\ln\frac{N+M}{N} + \frac{N-M}{2}\ln\frac{N-M}{N}\right) \\ &\quad -Nk_{\rm B}T\ln 2 \end{aligned} \tag{11.21}$$

ここで，外部磁場 H はゼロに固定されている．内部エネルギー E，エントロピー S，自由エネルギー F を図示すると図 11.9(a) および (b) のようになる．相互作用エネルギーの項（E）は磁化 M の大きさが大きいほど自由エネルギーが低くなる（系は安定化する）ように寄与するのに対し，エントロピーの項

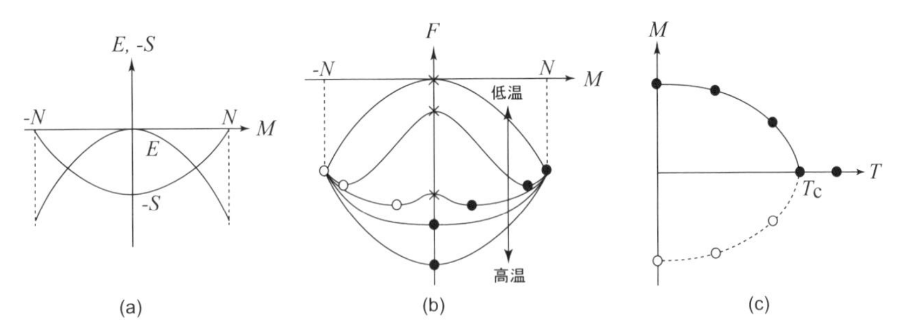

図 11.9 ランダウの自由エネルギー．(a) E は内部エネルギー，S はエントロピーである．(b) 自由エネルギー F は，強磁性相では 2 つの極小点と 1 つの極大点をもつ．常磁性相では 1 つの極小点のみを持つ．(c) 自由エネルギー極小を与える M の温度依存性．

$(-TS)$ は M が大きいほど自由エネルギーが高くなる（系は不安定化する）ように寄与することに注意しよう．ランダウの自由エネルギー $F(M;T,H=0)$ が最小となるところが平衡状態として実現する，すなわち図 11.9(b) の黒丸（あるいは白丸）のところの M が実現する．この M の値を温度の関数としてプロットすると，図 11.9(c) が得られる．パラメータ M は**秩序変数**と呼ばれ，相転移温度（キュリー温度 T_{C}）以下では有限の値をとり，それ以上の温度ではゼロとなる．

M の平衡値（最確値）を決める式は，$\partial F/\partial M=0$ より，次のように与えられる．

$$\frac{zJ}{2N}M=\frac{1}{2}k_{\mathrm{B}}T\ln\frac{N+M}{N-M} \tag{11.22}$$

これを変形して次式を得る．

$$M=N\tanh\left(\frac{zJM}{2Nk_{\mathrm{B}}T}\right) \tag{11.23}$$

両辺に M が含まれているため，この状態方程式を簡単に解くことはできないが，図 11.10 に示す図解によって解くことができる．低温では 2 つの交点（解）があり，（図 11.9 との比較からわかるように）$M=0$ は自由エネルギー極大に対応し，$M\neq0$ は自由エネルギー極小に対応する．後者が熱平衡状態

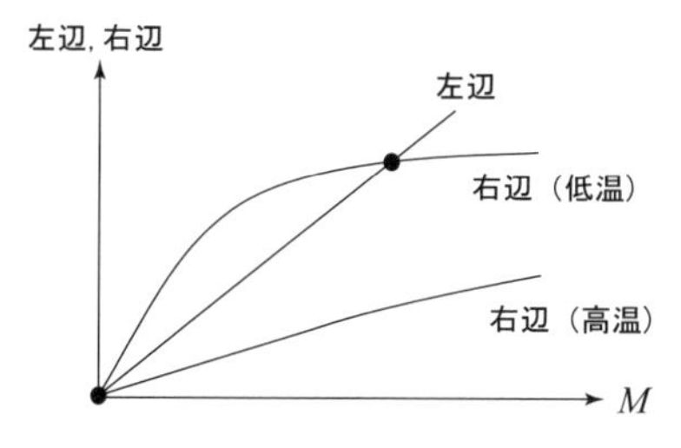

図 11.10　式 (11.23) のグラフによる解法．低温（強磁性相）では 2 つの交点（$M=0$ および $M\neq0$）が存在するが，高温（常磁性相）では $M=0$ のみに交点をもつ．

（自由エネルギー最小）を与える．高温では直線との交点は $M=0$ のみである．これは図 11.9 の極小点に対応する．交点の数が 1 個と 2 個との境目が転移温度（キュリー温度 T_{C}）である．これは，$x \to 0$ のとき $\tanh x \to x$ であることを用いて，次のように計算される．

$$T_{\mathrm{C}} = \frac{zJ}{2k_{\mathrm{B}}} \tag{11.24}$$

《**発展 4**》 本項の結果は，**自発的対称性の破れ**と呼ばれる普遍的な物理概念と結びついている．温度が高いときは，磁石は磁石でなくただの棒である（図 11.11）．このとき，上下の方向に区別はなく同等である．温度がキュリー温度 T_{C} より下がると磁石となる．こうなると，上下の方向が区別されるようになる．この状態を，“高温で持っていた対称性が破れた状態” と表現する．このように，温度を下げただけで（すなわち “自発的に”）対称性が破れることを自発的対称性の破れと呼ぶ．

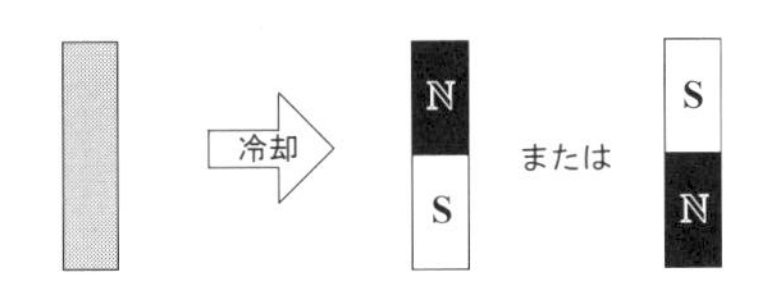

図 11.11 自発的対称性の破れ．左端の棒は磁石の性質を失った “磁石” を表す．

式 (11.23) を，式 (8.54) と比べよう．式 (8.54) を導いたとき，外部から磁場 $\boldsymbol{H}$ をかけた．その結果，式 (8.54) の右辺に H が現われている．一方，式 (11.23) を導く際には外部磁場は存在しなかった．しかし，外部磁場が存在したと同じように磁化が現われる．これは，式 (11.23) の右辺の tanh 関数の引数 zJM が外部磁場の役割を果たしているためだと解釈される．そこで，zJM を磁場のように考え，**内部磁場**あるいは**分子場**と呼ぶことにしよう．これは，あるスピンに着目した時，その周囲のスピンから受ける交換相互作用の力を磁場と見なすことに対応する（図 11.8(c) の $\boldsymbol{H}_{\mathrm{m}}$ を参照）．

11-1-6　遍歴電子系における磁気転移

自由電子における磁化率はパウリ常磁性の式 (8.50) で与えられることを第 8 章で学んだ．それは，図 8.8 に示したように，上向きスピンのバンド（状態密度）と下向きスピンのバンドが磁場によって分裂したことによっていた．分裂の大きさが磁場の大きさに比例していたことを思い出そう．分子場の考え方を使えば，遍歴電子系における強磁性もまた，遍歴電子に働く分子場によってバンドが分裂し，その結果，強磁性が発生すると考えればよい．この考え方を**ストーナー**（Stoner）**・モデル**と呼ぶ．具体的な計算については文献 [3] を参照し，その結果のみを示すと，図 11.12 のようになる．交換相互作用の大きさ J によって 3 つの状態が存在する．まず，交換相互作用の大きさが小さい時は常磁性である．交換相互作用の大きさが大きくなり，次の**ストーナー条件**を満たすときには，強磁性（**部分分極強磁性**）が生じる．

$$JD(E_{\mathrm{F}}) > 1 \tag{11.25}$$

ここで，$D(E_{\mathrm{F}})$ はフェルミ準位における遍歴電子の状態密度である．さらに交換相互作用の大きさが大きくなると，バンドは大きく分裂し，片一方のスピンのバンドのみが占有される．これを**完全分極状態**と呼ぶ．

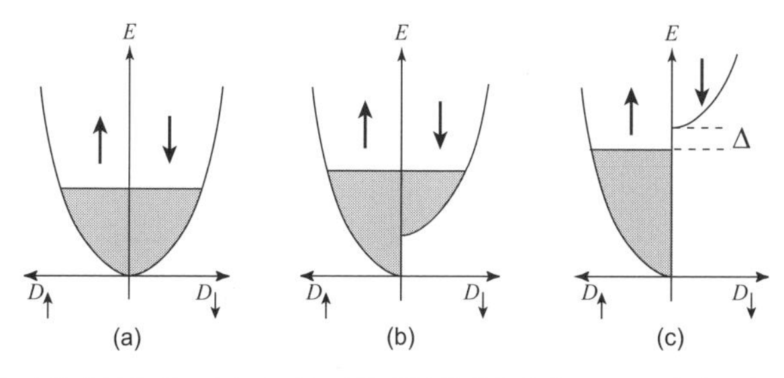

図 11.12　(a) は常磁性状態，(b) と (c) は強磁性状態を表す．(c) の完全分極強磁性状態では (b) の部分分極強磁性状態より交換相互作用が大きいため，エネルギー・ギャップ Δ が生じている．

このように，遍歴電子も強磁性（磁石）になることができる．ただし，そのためには，ストーナー条件が示すように，交換相互作用の大きさはある程度以上に大きくなければならない．これに対し，のちに見るように，超伝導を構成する電子対の形成に必要な相互作用の大きさは（どんなに）小さくてもよい．これは，超伝導の方が強磁性より起こりやすいことを示しているのかもしれない．

《発展 5》 局在電子系であれ遍歴電子系であれ，強磁性体は低温で**スピン波**と呼ばれる励起状態を示す．図 11.13(a) は絶対零度における磁石の中の磁気モーメント（あるいはスピン）の配列を示している．磁気モーメントはみな同じ方向を向いている．これが基底状態（最低エネルギーの状態）である．みな同じ方向を向いていることは，各場所において分子場と呼ばれる磁場が作用していると思えばよい．温度が上がると，周りから熱エネルギーをもらい，磁気モーメントは（内部磁場の方向に対し）角度をなすようになる．このとき，磁気モーメントは，分子場の方向を軸として歳差運動（首振り運動）を行う．これは，コマが重力の周りに歳差運動を行うのと同じである．（コマは回転しているので角運動量を持っており，磁気モーメントもまた角運動量を持っている．コマの場合の重力の役割は，磁気モーメントにおいては分子場が担う．）いったん磁気モーメントが歳差運動を始めると，交換相互作用というバネでつながれた隣の磁気モーメントも歳差運動を行うようになる．このような運動は，次々と波として伝わる．これがスピン波である．これは格子振動の波が空間を伝わっていくのと似ている．

格子振動を量子化するとフォノンという描像に至ったが，スピン波の場合も同じで，量子化すると**マグノン**と呼ばれる（粒子的な）励起が現れる．

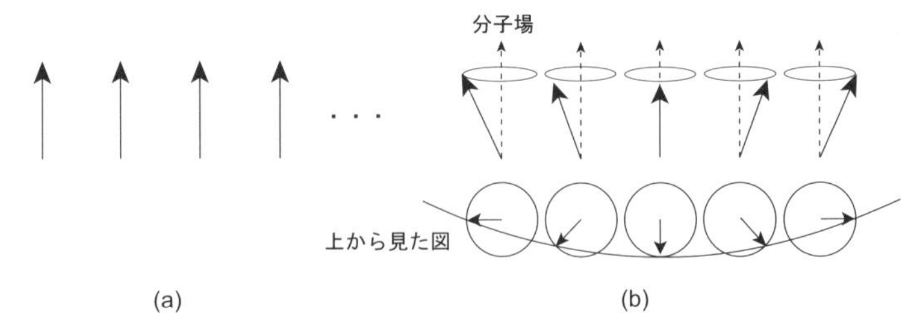

図 **11.13**　スピン波励起の概念図．(a) $T = 0$．(b) $T > 0$．

11-2　超伝導体

11-2-1　超伝導体の特徴

ある物質が超伝導転移温度 T_c 以下に冷却され超伝導になったとすると，次のような性質（物性）が観測される．(1) 電気抵抗がゼロになること（図 11.14(a)），(2) 後述する完全反磁性が観測されること（図 11.14(b)），そして (3) 比熱にとびが見られること（図 11.14(c)）の 3 点である．超伝導転移もまた相転移の一種である．第 1 条件だけでは超伝導の証明にならない．すなわち，次項の補足 2 に示されるように,「超伝導＝電気抵抗がゼロの現象」ではない．2 番目の条件は,「超伝導は磁束（磁力線）を完全に排除する」という超伝導特有の現象であり，**マイスナー**（Meissner）**効果**と呼ばれる．最後の条件は，超伝導がバルク（試料全体で生じること）であるか否かを見極めるのに必要である.[9]

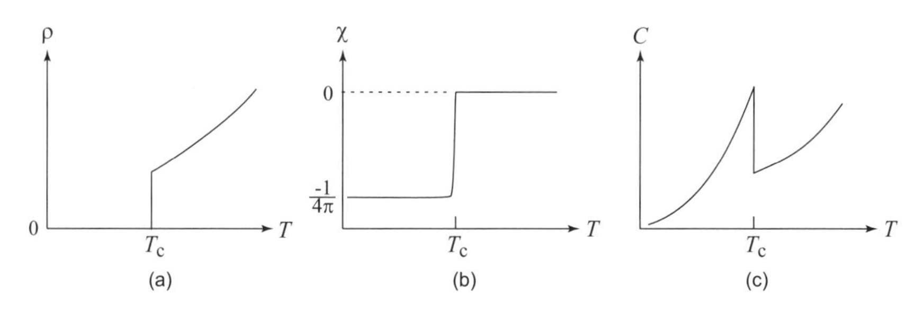

図 11.14　超伝導の実験的特徴．(a) 電気抵抗の温度依存性．超伝導転移温度 T_c 以下で電気抵抗は消失する．(b) マイスナー効果．磁化率は T_c 以下で完全反磁性を示す．(c) 比熱の温度依存性．超伝導がバルク（体積）効果である場合には，T_c に大きな比熱のとびが現れる．

---

[9] 新しい物質を見つけ出し，それが電気抵抗がゼロになったとしても，その物質が本当に超伝導になったとは限らない．たとえば，その試料の中に意図しない不純物相が入っていて，その相が超伝導であった場合，電気抵抗がゼロとなることがある．このような場合，超伝導になっているのは，試料の全体積の一部のみであり，比熱異常の大きさは小さいであろう．これに対し，試料全体が超伝導になっている場合は，比熱異常

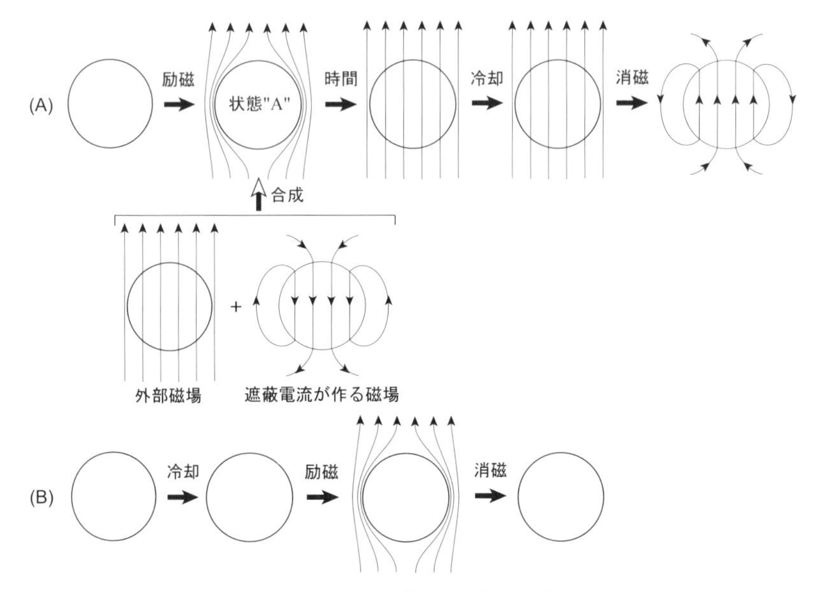

図 11.15　完全導体に対する実験.

ここで，“電気抵抗がゼロ” だけでは必ずしも超伝導を表していないことは，次の実験によって確かめられる．きわめて純度の高い金属試料があり，その残留電気抵抗は測定装置の感度内でゼロであったとしよう．この試料（**完全導体**と呼ばれる）に対し，次の 2 種類の実験操作を行う．(A) 試料を電気抵抗がゼロとはならないように高温に保持する（図 11.15(A) 参照）．次に，磁場を印加する．すると，電磁誘導の法則に従い，試料の表面には外部磁場の侵入を排除するように遮蔽電流が流れる．その結果，試料内外の磁力線の分布は図 (A) の “状態 A” のようになるであろう．しかし，磁場の増加を止めると，誘導起電力は生じなくなるから，時間が経過すると，有限の電気抵抗のため，先ほどまで流れていた遮蔽電流は消失する．その結果，磁力線は試料内部に侵入する．試料を冷却して電気抵抗が小さくなったとしても，磁場

の大きさは大きい．このとき，超伝導はバルクで起こっていると言われる．

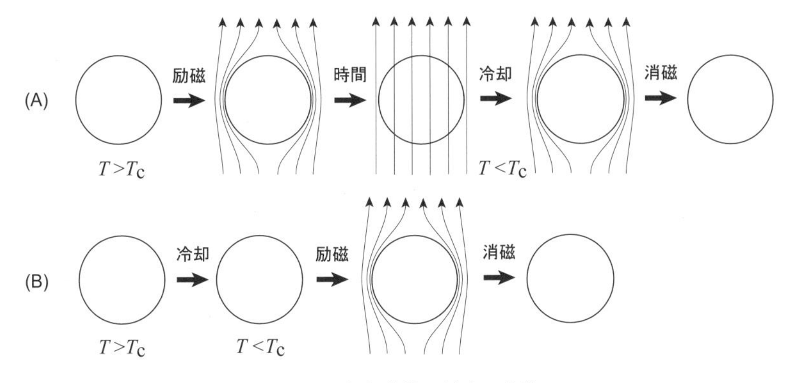

図 11.16　超伝導体に対する実験.

は試料内部に入ったままである．最後に磁場をゼロにすると，電磁誘導により，試料内部の磁力線が保持される．今度は抵抗がゼロであるため遮蔽電流は流れ続け，その結果，磁力線も内部に入ったままである．(B) 試料の温度を電気抵抗がゼロとなるくらいまで下げる（図 11.15(B) 参照）．次に，磁場を印加すると，(A) の場合と同じように遮蔽電流が流れ，試料内外の磁力線の分布をみると，試料の中には磁力線は入っていない．この状態で時間が経っても，電気抵抗はゼロであるから，遮蔽電流は流れ続け，磁力線の状態も変わらない．すなわち，磁力線は試料の外部に排除されたままである．最後に磁場をゼロに戻したとすると，試料内部の磁場はゼロであるから，磁場を変化させても（磁力線を排除したままで）変化は起こらず，最後の状態は一番最初の状態と同じである．このように，完全導体である場合は，冷却と磁場印加の順番を変えることにより，終状態は異なる．

これに対し，超伝導体の場合は，実験操作の順番に関わらず終状態は同じである．たとえば，試料を低温（$T < T_c$）に保持し磁場を印加すると，磁力線が外に排除される（図 11.16(B) 参照）．ここで磁場をゼロに戻すと，完全導体と同じように，試料は元の状態に戻る．次に，初めに T_c 以上の状態に保ち磁場を印加すると，(十分時間が経過後）磁力線は内部に入り込む（図 11.16(A)

参照）．ここで試料を T_c 以下に冷却すると，磁力線は (マイスナー効果により）外部に排除される．さらに磁場をゼロに戻すと，試料は最初の状態に戻る．このようにして，超伝導体と完全導体は異なることがわかる．

11-2-2　完全反磁性とマイスナー効果

He のような閉殻を持つ原子中の電子に対する磁場の効果を考える（図 11.17(a) 参照）．原子の中においても，電磁誘導の法則により，誘導電流が流れる．原子中の電子を散乱するものはないから，この誘導電流は時間が経過しても流れ続ける.[10] この電流は**反磁性電流**と呼ばれ，次のように書き表される（文献 [3] を参照）．

$$\boldsymbol{j}_\mathrm{D} = -\frac{ne^2}{mc}\boldsymbol{A} \tag{11.26}$$

ここで，n は電子数密度であり，$\boldsymbol{A}$ はベクトルポテンシャルである．

ここで大胆な仮説を設け，量子力学的世界の対象物である原子中の電子と同じように，マクロな超伝導体においても，次の方程式（**ロンドン**（London）

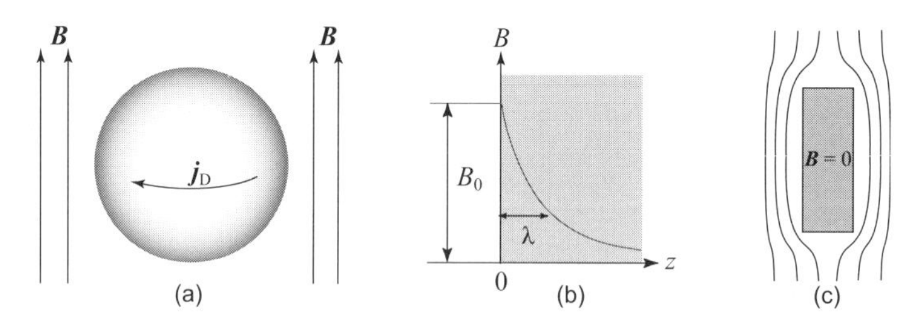

図 11.17　(a) 閉殻構造をもつ原子の反磁性．(b) 超伝導体に対する磁場効果．$z > 0$ に置かれた板状超伝導体の中に，磁場は λ 程度の距離しか進入できない．(c) マイスナー効果．

[10] この電流は反磁性をもたらし，外部磁場とは逆向きの磁気モーメントが誘起される．このような反磁性は，閉殻構造を持つ原子や分子において実際に観測される．

方程式と呼ばれる）が成り立っているとする．

$$\boldsymbol{j} = -\frac{n_{\mathrm{s}}e^2}{mc}\boldsymbol{A} \tag{11.27}$$

ここで，n_{s} は超伝導電子の数密度である．

【補足 2】 オームの法則を導く式 (10.17) から抵抗（あるいは緩和時間 τ）を落とすと，次のようになる．

$$m\frac{d\boldsymbol{v}}{dt} = -e\mathcal{E} \tag{11.28}$$

これに電流密度 $\boldsymbol{j} = -ne\boldsymbol{v}$ を代入すると，次式が得られる．

$$\frac{d\boldsymbol{j}}{dt} = \frac{ne^2}{m}\mathcal{E} \tag{11.29}$$

これをマクスウェル方程式 $\boldsymbol{\nabla}\times\mathcal{E} = -\frac{1}{c}\frac{\partial \boldsymbol{B}}{\partial t}$ と組み合わせると，

$$\frac{\partial}{\partial t}\left(\boldsymbol{\nabla}\times\boldsymbol{j} + \frac{ne^2}{mc}\boldsymbol{B}\right) = 0 \tag{11.30}$$

これを時間に関し積分すると次が得られる．

$$\boldsymbol{\nabla}\times\boldsymbol{j} + \frac{ne^2}{mc}\boldsymbol{B} = \text{（時間に関する）定数} \tag{11.31}$$

一方，ロンドン方程式 (11.27) より次を得る．

$$\boldsymbol{\nabla}\times\boldsymbol{j} = -\frac{n_{\mathrm{s}}e^2}{mc}\boldsymbol{\nabla}\times\boldsymbol{A} \tag{11.32}$$

さらに定義式 $\boldsymbol{B} = \boldsymbol{\nabla}\times\boldsymbol{A}$ より，

$$\boldsymbol{\nabla}\times\boldsymbol{j} + \frac{n_{\mathrm{s}}e^2}{mc}\boldsymbol{B} = 0 \tag{11.33}$$

を得る．これは，式 (11.31) の右辺の定数をゼロと置いたものである．このように，電気抵抗がゼロとなるだけでは，ロンドン方程式は出てこない．

式 (11.27) の両辺の curl（rot あるいは $\boldsymbol{\nabla}\times$）をとることにより，次を得る．

$$\boldsymbol{B} = -\frac{mc}{n_s e^2}\boldsymbol{\nabla}\times\boldsymbol{J} \tag{11.34}$$

マクスウェル方程式より，

$$\boldsymbol{\nabla}\times\boldsymbol{B} = \frac{4\pi}{c}\boldsymbol{J} \tag{11.35}$$

以上から $\boldsymbol{J}$ を消去すると，次が得られる．

$$\nabla^2 \boldsymbol{B} = \frac{\boldsymbol{B}}{\lambda^2} \tag{11.36}$$

ここで，λ は次式によって定義され，磁場侵入長と呼ばれる．[11)]

$$\lambda^2 = \frac{mc^2}{4\pi n_{\mathrm{s}} e^2} \tag{11.37}$$

板状の超伝導体に磁場を加えたときの解は（図 11.17(b)），表面から超伝導体内部方向に z 軸をとると

$$\boldsymbol{B} = \boldsymbol{B}_0 e^{-z/\lambda} \tag{11.38}$$

と与えられる．これはまさに，(試料の大きさが λ より十分大きい場合に）磁場 $\boldsymbol{B}$ の排除を意味するマイスナー効果である．磁力線は，図 11.17(c) に示すように，完全に排除される．これを**完全反磁性**と呼ぶ．

マイスナー状態においては $\boldsymbol{B} = 0$ であるから，磁化 $\boldsymbol{M}$ は次のように書かれる．

$$\boldsymbol{M} = -\frac{1}{4\pi}\boldsymbol{H} \tag{11.39}$$

超伝導体内でゼロになるのは $\boldsymbol{B}$ であり，$\boldsymbol{H}$ ではないことに注意する必要がある．係数 $\chi = -\frac{1}{4\pi}$ は，超伝導を特徴づける**完全反磁性磁化率**である．

【補足 3】 真空中では $\boldsymbol{B} = \boldsymbol{H}$（CGS 単位系）であるから，磁場 $\boldsymbol{B}$ と磁場 $\boldsymbol{H}$ とを区別する必要はない．[12)] しかし，物質中では，$\boldsymbol{B}$ と $\boldsymbol{H}$ を区別することが重要である．超伝導体中でゼロになるのは $\boldsymbol{B}$ であり，磁場 $\boldsymbol{H}$ は式 (11.39) で与えられる大きな値を持つ（$\boldsymbol{H} = -4\pi\boldsymbol{M}$）．

2 つの磁場 $\boldsymbol{B}$ と $\boldsymbol{H}$ は次のように解釈される．1 つの棒磁石を考えよう（図 11.18 参照）．この棒磁石をソレノイドで置き換える．ソレノイドには電流が流れ，それは周

11) 磁場を遮蔽する反磁性電流は，表面から λ 程度の深さまでの領域を流れる．
12) 多くの電磁気学の教科書では，$\boldsymbol{B}$ は磁束密度と呼ばれるが，本書では磁場と呼ぶこととする．

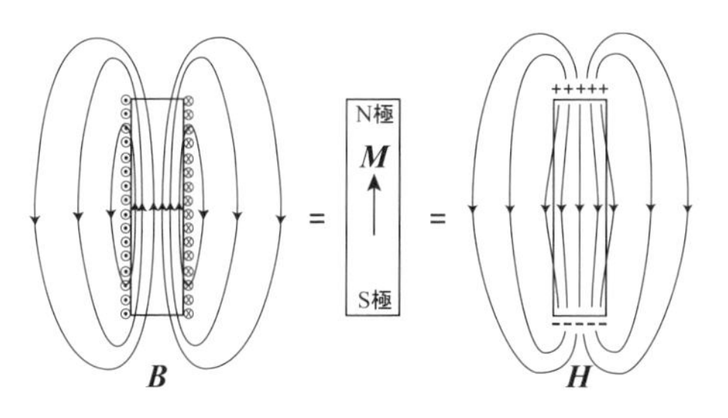

図 11.18　磁場 $\boldsymbol{B}$ と $\boldsymbol{H}$.

囲に磁場をつくる．この磁場が $\boldsymbol{B}$ である．このとき，マクスウェル方程式 $\boldsymbol{\nabla}\cdot\boldsymbol{B}=0$ より，$\boldsymbol{B}$ に対応する磁力線は連続である．一方，棒磁石の N 極，S 極を，電荷と同じように，プラス，マイナスの磁荷に置き換える．この磁荷は，電荷が電場を作ると同じように，磁場をつくるであろう．この磁場が $\boldsymbol{H}$ である．このとき，磁石の両端において，磁力線は不連続である．これはちょうど，電荷密度 ρ の存在するところにゼロでない発散がある（$\boldsymbol{\nabla}\cdot\boldsymbol{E}=4\pi\rho$）ことに対応する．

11-2-3　臨界磁場

熱力学で学んだように,（等温過程における）ギブスの自由エネルギーは次のように書かれる.[13)]

$$G(H)=G(0)-\int_0^{\boldsymbol{H}}\boldsymbol{M}\cdot d\boldsymbol{H} \tag{11.40}$$

常伝導状態での磁化はゼロであると仮定すると，$G_{\mathrm{n}}(H)=G_{\mathrm{n}}(0)$ である（図 11.19(a) 参照）．ここで，添字 n は常伝導（normal）状態，s は超伝導（super）状態を表す．一方，超伝導状態では完全反磁性であるから，次式が成り立つ．

$$G_{\mathrm{s}}(H)=G_{\mathrm{s}}(0)+\frac{1}{4\pi}\int_0^{\boldsymbol{H}}\boldsymbol{H}\cdot d\boldsymbol{H}=G_{\mathrm{s}}(0)+\frac{1}{8\pi}H^2 \tag{11.41}$$

---

13) スピンあるいは磁気双極子のところで見たように，ゼーマン・エネルギーは $E=-\boldsymbol{m}\cdot\boldsymbol{H}$ と書かれる．磁気双極子モーメント $\boldsymbol{m}$ を磁化 $\boldsymbol{M}$ で置き換えることによって式 (11.40) が得られる．

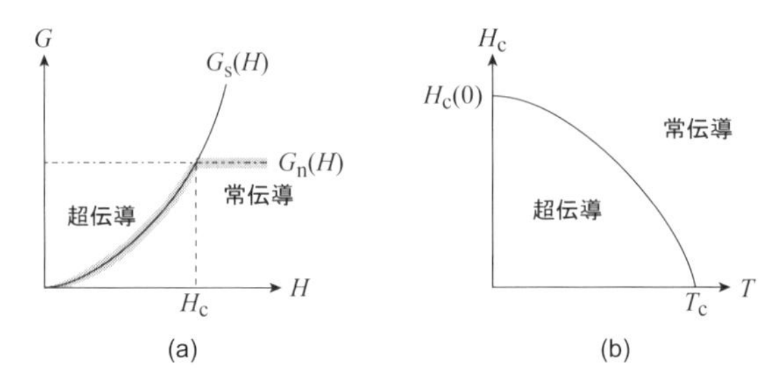

図 11.19 (a) 自由エネルギーの磁場依存性. (b) 熱力学的臨界磁場の温度依存性.

超伝導に転移するのは, $G_n(0) > G_s(0)$ が成り立っているからである. しかし, 超伝導状態に磁場を加えると, $\frac{1}{8\pi}H^2$ に従ってエネルギーが増大する. これは, 磁場を印加したとき超伝導が壊れることを意味する. その転移磁場 H_c (**熱力学的臨界磁場**と呼ばれる) においては, $G_n(H_c) = G_s(H_c)$ となっていることより, 次式が得られる.

$$G_n(0) - G_s(0) = \frac{1}{8\pi}{H_c}^2 \tag{11.42}$$

この式は, 超伝導の凝縮エネルギーを与える. 熱力学的臨界磁場は温度によって変化し, その概略は図 11.19(b) のようになる.

11-2-4　ボース凝縮とクーパー対

超伝導は, 理想ボース (Bose) 気体における**ボース-アインシュタイン** (Bose-Einstein) **凝縮**と密接に関係していると考えられている. 量子統計力学の簡単な復習から始めよう.

整数のスピンを持つ素粒子はボース粒子であるから, 陽子 2 個, 中性子 2 個, 電子 2 個からなるヘリウム 4 (^{4}He) 原子もまたボース粒子である. その分布関数は式 (6.29) によって与えられている. パウリの排他原理が成り立つフェルミ粒子系とは異なり, 同じ量子状態に何個でも入ることができる (図

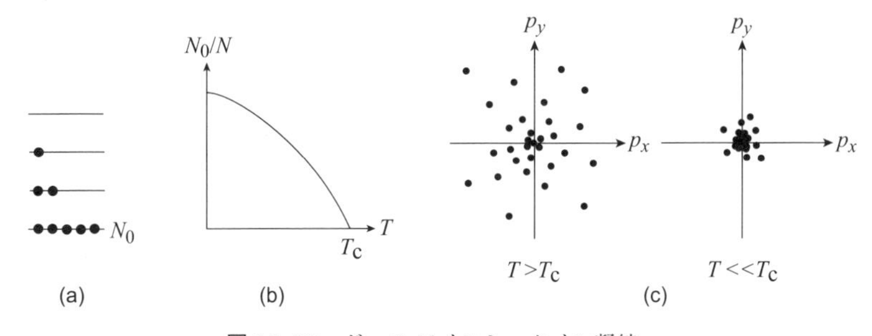

図 **11.20**　ボース-アインシュタイン凝縮.

11.20(a) 参照). たとえば, 基底状態にある粒子の数を N_0 と置くと, これはマクロな数であっても構わない. このような統計性を持つ理想気体があったとすると, それは低温で特徴的な様相, すなわちボース-アインシュタイン凝縮を示す. すなわち, ボース-アインシュタイン凝縮温度 T_c より低温で N_0 が急激に増大 (凝縮) しだす (図 11.20(b) 参照). これは**運動量空間での凝縮**と言われる (図 11.20(c) 参照). (ここで運動量空間とは, 電子に対して考えた波数空間と同じものであり, 波数の代わりに運動量 $\boldsymbol{p}$ の 3 成分を各軸にプロットしたものである. 図では簡単のため 2 次元としてあり, 最低エネルギー状態は運動量がゼロの状態 (図の原点の状態) である.) 運動量空間における凝縮というと難しい印象を受けるかもしれない. しかし, 水蒸気が水滴に "凝縮" すること (すなわち, 図 11.20(c) において運動量を座標で置き換えた実空間において水分子がある場所に集まること) に対応づければ, それほど困難なく理解できるのではないだろうか.

ヘリウム 4 原子の集合は, 室温では空気と同じように気体であるが, (1 気圧下においては) 4.2 K (ケルビン) で液体に転移する. さらに温度を下げると, 約 2.17 K で**超流動**に転移する.[14] 面白いことに, 超流動状態にある液体

[14] 1 気圧下ではどんなに冷却しても, ヘリウム液体は固体にはならない. これは, 量子力学の基本原理である不確定性原理によって説明される.

ヘリウムは，細管の中を通るとき，粘性（電気抵抗に対応し流れにくさを表す）なしに管を通り抜ける．この時の状態を運動量空間で表すと，図 11.20(c) の $T \ll T_\mathrm{c}$ における状態と類似の状態になる．ただし，図 (c) とは異なり，原点（運動量がゼロ）以外の点（ゼロでない運動量の状態）に凝縮している．(つまり，この凝縮した運動量ですべての粒子が運動している)．[15] これもまた，ボース-アインシュタイン凝縮した状態と見なされる．[16]

ヘリウム原子は中性であるから電流を運ばない．しかし，電荷を帯びたボース粒子が超流動を示したとすると，粘性（抵抗）なしに流れるという意味で，それは超伝導と同じである．言い換えれば，もし（負の電荷を持つ）電子が何かの理由によってボース粒子となりえたならば，それはボース-アインシュタイン凝縮を起こす，つまり超伝導を引き起こすことができる．実際，これまでの研究によれば，電子間に引力が働いた結果，電子は対をつくり，ボース粒子のように振る舞う．この電子の対は**クーパー（Cooper）対**と呼ばれる．2 電子の合成スピンの大きさ S は，$S=0$ か $S=1$ かのいずれかであるが，いずれにせよボース粒子と見なされる．

8-1-1 項で学んだように，電子は波動でもあり，その状態は次のような複素数の波動関数で表される．

$$\psi = |\psi| e^{i\theta} \tag{11.43}$$

複素数をベクトルと見なし，実部を横軸，虚部を縦軸とする複素空間上に表せば，図 11.21(a) のようになる．このとき，$|\psi|$ はベクトルの大きさを表し，位相 θ はベクトルの向きを指定する．

---

[15] 粘性（抵抗）は，運動量の向きや大きさを変える．粘性がなければ，粒子はいつまでも同じ運動量を持って運動し続ける．したがって，運動量がゼロではないところに凝縮していることは，粘性（抵抗）を受けずに運動を続けていることを意味する．

[16] ヘリウム 4 原子の系は理想気体ではなく，原子の間には力（ヘリウム間の距離が離れているときはファンデアワールス（van der Waals）力であり，近距離ではヘリウム原子核を取り囲む電子間に働くクーロン斥力）が働いている．

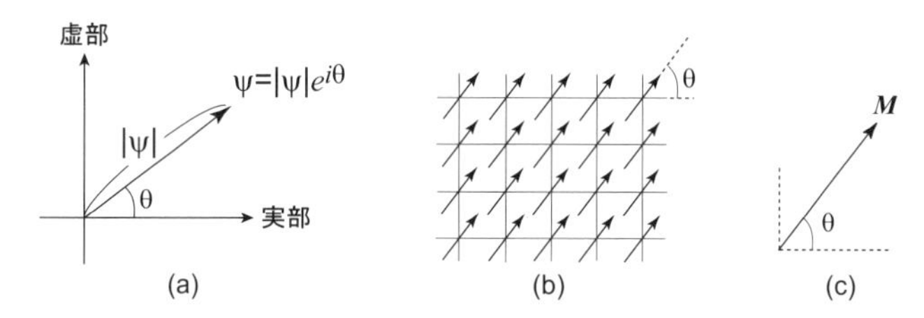

図 11.21　複素空間上における波動関数の表示と位相コヒーレンス.

電子や原子が多数集まったとき，通常は，それぞれの粒子の位相の間には何の関係もない．しかし，超流動や超伝導の場合は，マクロな数の粒子の位相が揃っている（みな同じ位相を持っている）ため，多数の粒子系に対して 1 つの位相を決めることができる．これを直観的に理解することは容易ではないが，磁石を考えるとイメージしやすいかもしれない．ミクロ磁石が向き（位相）を揃えることによって（図 11.21(b)）巨視的な物理量 $\boldsymbol{M}$ が発現したように（図 11.21(c) 参照），手のひらにのっている超伝導体のような（マクロなサイズを持った）物質系であっても，クーパー対の位相が揃うこと（**位相コヒーレンス**）によって，1 つのマクロな波動関数 (11.43) が発現するのである．これが「超流動や超伝導はマクロな量子現象である」と呼ばれる所以である．

《**発展 6**》 量子力学的な流れを表す “確率の流れの密度” (8.12) は，次のように書かれる．

$$\boldsymbol{J}_{\mathrm{P}} = -\frac{i\hbar}{2mc}\left(\psi^* \boldsymbol{\nabla}\psi - \psi\boldsymbol{\nabla}\psi^*\right) = \frac{\hbar}{mc}|\psi|^2 \boldsymbol{\nabla}\theta(\boldsymbol{r}) \qquad (11.44)$$

第 2 式に移行する際，波動関数を $\psi = |\psi|e^{i\theta(\boldsymbol{r})}$ と置いた．ψ を超流動を記述する（マクロな）波動関数，m を He 原子の質量と見なせば，式 (11.44) は，外から圧力をかけなくても，波動関数の位相に勾配があれば流体が（粘性なしで）流れることを示す．これは，超伝導の言葉で言えば，電池をつながなくても電流が流れることを意味する．

磁場下における超伝導の場合に対しては，次の置き換えをする．

$$\boldsymbol{\nabla} \to \boldsymbol{\nabla} \pm \frac{2ie}{\hbar}\boldsymbol{A} \qquad (11.45)$$

ここで，$\boldsymbol{\nabla}$ が ψ^* に作用するときは + 符号，$\boldsymbol{\nabla}$ が ψ に作用するときは − 符号とする．クーパー対が形成されることを考慮すると，次が得られる．

$$\boldsymbol{J} = \frac{e\hbar}{mc}|\psi|^2 \boldsymbol{\nabla}\theta(\boldsymbol{r}) - \frac{2e^2}{mc}|\psi|^2 \boldsymbol{A} \tag{11.46}$$

第 1 項は，電場がなくても（外から電池をつながなくても），波動関数の位相に勾配があれば電子が（抵抗なしで）流れることを示す．第 2 項は，ロンドン方程式に対応する（$n_{\rm s} \to 2|\psi|^2$）．

中空円筒（ドーナッツ状）の超伝導体を考え，その穴を取り囲む曲線上で式 (11.46) を積分する．超伝導体内の積分路では超伝導電流がゼロ $\oint \boldsymbol{J} \cdot d\boldsymbol{l} = 0$ であることを用い，1 周した時の波動関数の位相差を $2n\pi$ と置くと，次の式が得られる．

$$\phi = \frac{h}{2e}n \quad (n \text{ は整数}) \tag{11.47}$$

これは，(穴を貫く）磁束 ϕ が量子化されることを示す．外部磁束は連続的な値をとるにも関わらず，穴を貫く磁束が**磁束量子**

$$\phi_0 = \frac{h}{2e} \tag{11.48}$$

の整数倍になるのは，穴の周りを流れる超伝導電流が磁場を “うまく遮蔽” しているためである．

11-2-5　引力の起源

前項で説明したように，2 個の電子の間に引力が働けば確かに対を作りそうである．しかし電子はみな負電荷を持っているから，簡単には対を作りそうにない．本項で対を作るメカニズムを考えよう．

金属の中を覗くと，陽イオン（たとえば Cu^+ イオン）が格子を形成している．この中を動く電子は，周囲の陽イオンを引きつけながら運動する（図 11.22(a) 参照）．これは，自分が動いた航跡に沿って，(電子に対し引力的な）ポテンシャルを作りだす（図 11.22(b) 参照）．第 2 の電子は，このポテンシャルに引き寄せられ，近づいてくる．その結果，電子の間に引力が働いたように

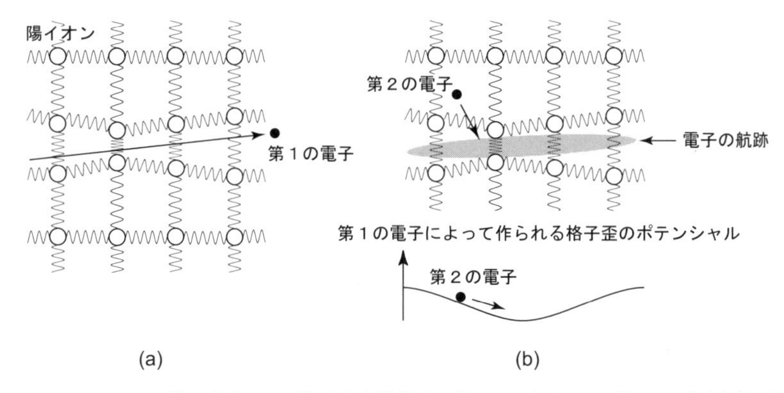

図 11.22　クーパー対の形成．(a) 格子中を運動する第 1 の電子．(b) 第 1 の電子と格子との相互作用を通して誘起される引力的なポテンシャル．第 2 の電子は，この（格子歪の）ポテンシャルに引き寄せられ，結果的に，2 電子間に引力が働く．

見える．このように，格子の変位を媒介として，間接的に引力が働くと考えられる．一方，陽イオンは質量が大きいため，元に戻るのに時間がかかる.[17] この間に，質量の軽い電子は遠くへ飛び去るであろうから，電子は互いの斥力を感じないで済む．これが引力発生のメカニズムである．

11-2-6　クーパー問題

2 つの電子間に引力が働いた結果，（分子のような）束縛状態が形成されたとする．その大きさを Δx とすると，不確定性関係により系は $\Delta p \sim \hbar/\Delta x$ 程度の運動量（の不定さ）を持つ．束縛状態の大きさが小さければ，Δp の増大は運動エネルギーの増大を招く．もしこれが，束縛状態を形成したことによる相互作用エネルギーの利得を上回るのであれば，束縛状態は形成されない．これを具体的に計算によって確かめてみよう．

---

[17] 大雑把にいって，$1/\omega_D$（ω_D は第 6 章のデバイ振動数）の時間の程度である．

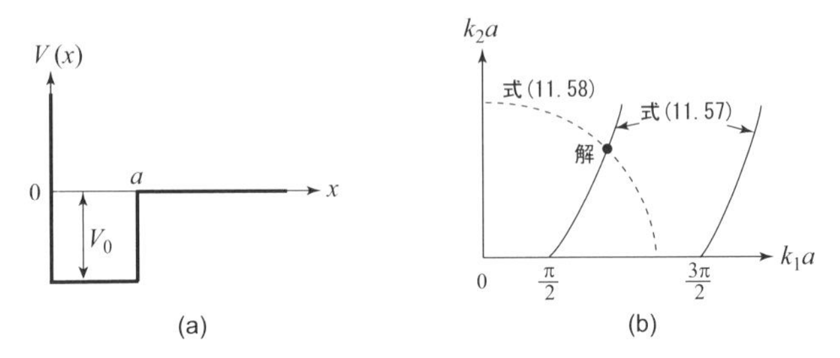

図 11.23 解くべきポテンシャル (a) とそれに対する解法 (b).

量子力学の演習問題として，1 次元のポテンシャル問題を考えよう [6].[18)] 図 11.23(a) のようなポテンシャルを考える．質量 m の粒子に対するシュレーディンガー方程式は次のようになる．

$$\frac{d^2\psi}{dx^2} + \frac{2m}{\hbar^2}(E+V_0)\psi = 0 \quad (0 < x < a) \tag{11.50}$$

$$\frac{d^2\psi}{dx^2} + \frac{2m}{\hbar^2}E\psi = 0 \quad (x > a) \tag{11.51}$$

$E<0$ となる解を探せばよいから $E=-|E|$ と置き，さらに ${k_1}^2 = \frac{2m}{\hbar^2}(V_0-|E|)$, ${k_2}^2 = \frac{2m}{\hbar^2}|E|$ と置くと，シュレーディンガー方程式は次のようになる．

$$\frac{d^2\psi}{dx^2} + {k_1}^2\psi = 0 \quad (0 < x < a) \tag{11.52}$$

$$\frac{d^2\psi}{dx^2} - {k_2}^2\psi = 0 \quad (x > a) \tag{11.53}$$

境界条件（$x=0$ で $\psi=0$，$x\to\infty$ で $\psi\to 0$）から，解は次のような形をしていると考えられる．

---

18) 2 体問題を解くためには，重心座標と相対座標に分ければよい．相対座標 $\boldsymbol{r} \equiv \boldsymbol{r}_1 - \boldsymbol{r}_2$ に関する方程式（地球上の観測者から月の運動を観測することに対応）は次のように書かれる．

$$-\frac{\hbar^2}{2\mu}\nabla^2\Psi(\boldsymbol{r}) + V(\boldsymbol{r})\Psi(\boldsymbol{r}) = E\Psi(\boldsymbol{r}) \tag{11.49}$$

ここで，$\mu = m/2$ は換算質量である．このポテンシャル問題を解くことによって束縛状態を議論できる．つまり，このポテンシャル内にとどまること（束縛状態の形成）が可能かどうかを議論する．

$$\psi_1 = A \sin k_1 x \quad (0 < x < a) \tag{11.54}$$

$$\psi_2 = B e^{-k_2 x} \quad (x > a) \tag{11.55}$$

波動関数が全体として滑らかにつながるためには，$x = a$ において $\psi_1 = \psi_2$ および $\frac{d\psi_1}{dx} = \frac{d\psi_2}{dx}$ でなければならない．したがって，

$$A \sin k_1 a = B e^{-k_2 a}, \quad A k_1 \cos k_1 a = -B k_2 e^{-k_2 a} \tag{11.56}$$

を得る．辺々を割って A および B を消去し，両辺に a を乗ずると次式が得られる．

$$k_1 a \cot k_1 a = -k_2 a \tag{11.57}$$

また，k_1 と k_2 は次の関係を満たす．

$$(k_1 a)^2 + (k_2 a)^2 = \frac{2m}{\hbar^2} V_0 a^2 \tag{11.58}$$

式 (11.57) と式 (11.58) を連立方程式と考え，図 11.23(b) の交点として解を求めることができる．式 (11.58) は半径が $(\frac{2m}{\hbar^2} V_0 a^2)^{1/2}$ の円であるから，$(\frac{2m}{\hbar^2} V_0 a^2)^{1/2} \leq \frac{\pi}{2}$ の場合，すなわち $V_0 a^2 \leq \frac{\pi^2 \hbar^2}{8m}$ のときは解が存在しない．これは，引力の大きさがある程度大きくないと束縛状態ができないことを意味する．

《発展 7》 上では 1 次元の問題を考えた．3 次元ではどうであろうか．球対称な箱型ポテンシャルを考えると，図 11.23(a) の x を原点からの距離 r で置き換えればよい．$u = R(r) Y_l^m(\theta, \varphi)$（$Y_l^m$ は球面調和関数）と置いてシュレーディンガー方程式 (11.50) および (11.51) に代入すると，動径波動関数 $R(r)$ は次の方程式を満たす．

$$\frac{d^2 R}{dr^2} + \frac{2}{r}\frac{dR}{dr} + \left[\frac{2m}{\hbar^2}(E - V(r)) - \frac{l(l+1)}{r^2}\right] R = 0 \tag{11.59}$$

さらに，$rR = \chi$ と置くと，χ に関する方程式が次のように得られる．

$$\frac{d^2 \chi}{dr^2} + \left[\frac{2m}{\hbar^2}(E - V(r)) - \frac{l(l+1)}{r^2}\right] \chi = 0 \tag{11.60}$$

ここで $l=0$ と置くと[19)]

$$\frac{d^2\chi}{dr^2}+\frac{2m}{\hbar^2}\left(E-V(r)\right)\chi=0 \tag{11.61}$$

となる．$0<x<a$ では $V(r)=-V_0$，$x>a$ では $V(r)=0$ であることを思い出すと，式 (11.61) が 1 次元に対するシュレーディンガー方程式 (11.50) および式 (11.51) と等価であることがわかる．境界条件 "$r=0$ において $\chi=0$" も同じである．したがって，結局は，上で考えた 1 次元の問題を考えればよいことがわかる．

このように，量子力学を考えると，2 粒子の束縛状態を作るのは簡単ではなさそうである．しかし，多電子系を考え，フェルミ面の外側に 2 個の電子を付け加える問題（**クーパー問題**）を考えると，引力がどんなに弱くても束縛状態が形成されることを示すことができる（文献 [3] を参照）．フェルミ球の存在は，問題の解を質的に変えてしまう．

フェルミ球のない単なる 2 粒子系の場合に，束縛状態が生じるためには，引力はある程度以上に強くなければならない．なぜなら，束縛状態を形成することによって増大する運動エネルギーの上昇を賄うくらい強い引力が必要となるからである．これに対し，クーパーの問題では，引力はどんなに弱くても束縛状態が作られる．この理由は次のようである．

束縛状態の波動関数は，次のように書かれるとしよう [3].

$$\Psi(\boldsymbol{r}_1,\boldsymbol{r}_2)=\sum_{k_{\mathrm{F}}<k<k_{\mathrm{F}}+\frac{1}{\xi}}\varphi(\boldsymbol{k})e^{i\boldsymbol{k}\cdot(\boldsymbol{r}_1-\boldsymbol{r}_2)} \tag{11.62}$$

和の中にフェルミ波数 k_{F} が入っているのが，フェルミ球の存在を意味する．また，ξ は長さの次元を持ち，**コヒーレンス長**と呼ばれる．7-2 節で論じたように，式 (11.62) は波束を表している.[20)] $k_{\mathrm{F}}<k<k_{\mathrm{F}}+\frac{1}{\xi}$ の領域に含まれる状態（フェルミ準位近傍の座席）は無数に存在し，その励起エネルギーはほ

---

19) 水素原子の場合を思い出すと，$l=0$（s 状態）が基底状態となる．

20) 7-2 節では和ではなく積分の形で表しているが，内容は同じである．

とんどゼロである.[21] したがって，たくさんの（波数が異なる）平面波を重ね合わせて束縛状態を作るのに要するエネルギーはごくわずかである. (2 粒子問題ではこのような波束を作ることはできない.) これが，フェルミ球が存在する場合に小さな引力でも束縛状態が生じる理由である.

波数に関する和の範囲 $\Delta k = \frac{1}{\xi}$ が広ければ広いほど，実空間における波束の広がり Δr は小さい. 不確定性関係（$\Delta r \Delta k \sim 1$）によれば，実空間における広がりは

$$\Delta r \sim \frac{1}{\Delta k} \sim \xi \tag{11.63}$$

となる. これより，コヒーレンス長は波束の広がり，すなわちクーパー対の大きさの目安を与える. 通常の超伝導体では ξ は 10^3 Å 以上の大きさに達する. これは電子間の距離に比べ桁違いに大きく（図 11.24(a) 参照），原子が結合した分子のイメージとはかけ離れている. 通常の超伝導体におけるクーパー対は互いに重なり合って統一的に（コヒーレントに）運動している. この様子を直感的に表すと，図 11.24(b) のようになるであろう. クーパー対に対応する波束は互いに位相関係を保っており，それらは全体として大きな 1 つの波を作る. これが，式 (11.43) のマクロな波動関数に対応すると考えればよい.

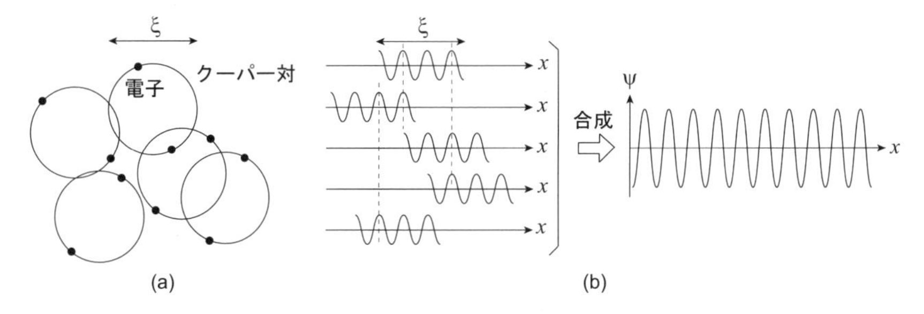

図 11.24　クーパー対の概念図とそのコヒーレンス長.

---

[21] このことを,「基底状態が無限に縮退している」という.

式 (11.62) の和には，$\boldsymbol{k}$ が含まれれば，フェルミ球の反対側に位置する $-\boldsymbol{k}$ も必ず含まれる．このことに注意すると，粒子の入れ替えに対して対称 $\Psi(-\boldsymbol{r}) = \Psi(\boldsymbol{r})$ である．この場合には，スピン状態は 1 重項でなければならない．これは，**スピン 1 重項（シングレット）超伝導**と呼ばれる．

束縛状態であるクーパー対を壊すのにはエネルギーを要する．したがって，超伝導状態を壊すのにもエネルギーが必要となると予想される．実際，超伝導問題を扱った **BCS 理論**（Bardeen, Cooper, Schrieffer の頭文字をとって命名されている）によれば，図 11.25(b) に示すように，励起状態を作るには半導体と同じようにエネルギー・ギャップ（その大きさは 2Δ）を乗り越えなければならない.[22] このように，小さな引力（相互作用）が電子間に働くことによってフェルミ面が質的に変わってしまう（すなわちギャップが生じる）ことを，**フェルミ面の不安定性**と呼ぶ．また，ギャップの大きさ Δ は，磁石の自発磁化 M と同じように，超伝導転移温度 T_c 以上で消失する（図 11.25(c) 参照）．

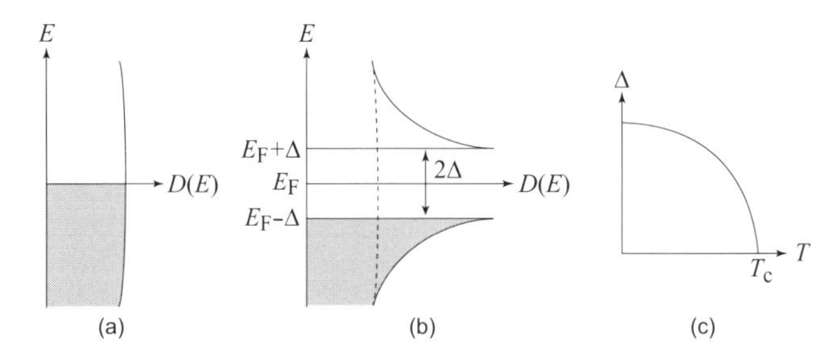

図 11.25 超伝導エネルギー・ギャップ．(a) 常伝導状態（$T > T_c$）の状態密度．(b) 超伝導状態（$T < T_c$）の状態密度．(c) ギャップ・エネルギー Δ の温度依存性．

[22] クーパー問題は“フェルミ面の外側に 2 個の電子を付け加える”という技巧的な扱いをしたが，現実の超伝導体では多くの電子が対を作っている．BCS 理論では，2 電子を特別扱いにするのではなく，すべての電子を対等に扱っている．

11-2-7　第 1 種超伝導体と第 2 種超伝導体

これまで，2 つの長さスケールが登場した．1 つは磁場侵入長 λ，もう 1 つはコヒーレンス長 ξ である．次式で与えられる比を定義しよう．

$$\kappa = \frac{\lambda}{\xi} \tag{11.64}$$

この比は **GL**（ギンツブルク-ランダウ，Ginzburg-Landau）**パラメータ**と呼ばれ，磁場中で異なった振る舞いを示す超伝導体を区別するのに役立つ．

超伝導体に磁場をかけると，マイスナー効果により，磁場は深さ λ の表面層にのみ侵入する．11-2-3 項で議論したように，磁場の排除によって磁場のエネルギーは高められるが，超伝導状態を保持することによって電子系のエネルギー（超伝導凝縮エネルギー）の利得が得られるからである．さらに磁場を高くすると，磁場のエネルギーの損が凝縮エネルギーの利得を上回り，図 11.19 に示したように，超伝導状態は消失する．このような超伝導体は，第 1 種超伝導体と呼ばれる．

一方，もし電子系のエネルギーをあまり高めることなしに磁場が侵入できれば，磁場中でも（ある種の）超伝導状態が実現するであろう．このような状態として，**混合状態**が知られている．そこでは，**渦糸**（**ボルテックス**）と呼ばれる状態が実現している（図 11.26 参照）．そこの中心部には ξ 程度の大きさを持つ芯（コア）と呼ばれる常伝導状態の領域が存在し，その周囲を渦（糸）電流と呼ばれる超伝導電流が流れている．磁場は半径 λ 程度の領域まで浸透している．詳しい計算によれば，渦糸を通り抜ける磁束は磁束量子 ϕ_0 に等しい（式 (11.48) 参照）．このとき，渦糸が生じる磁場 H_{c1} は，次式によって与えられる．

$$H_{c1} \sim \frac{\phi_0}{\lambda^2} \simeq \frac{1}{\kappa} H_c \tag{11.65}$$

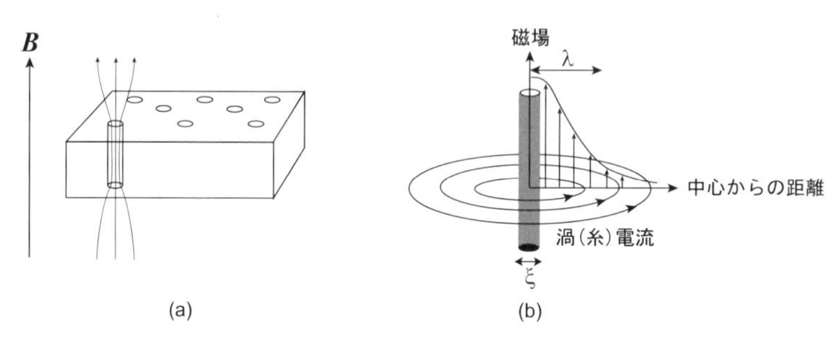

図 11.26　渦糸（ボルテックス）状態．(a) は試料に渦糸が入る模式図，(b) は 1 本の渦糸の内部構造を表す．

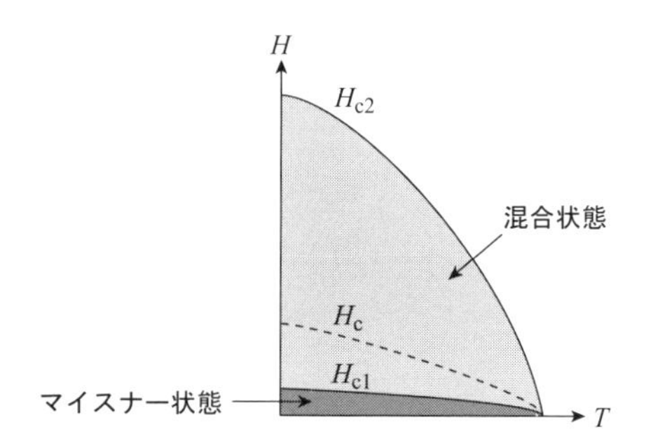

図 11.27　下部臨界磁場 H_{c1}，上部臨界磁場 H_{c2}，および熱力学的臨界磁場 H_c の温度依存性．

さらに磁場が増して，芯が隣り合うくらいまで接近すると，超伝導は完全に壊れる．この磁場はおおよそ次のように与えられる．

$$H_{c2} \sim \frac{\phi_0}{\xi^2} \simeq \sqrt{2}\kappa H_c \tag{11.66}$$

H_{c1} は**下部臨界磁場**，H_{c2} は**上部臨界磁場**と呼ばれる．

$\kappa = \frac{1}{\sqrt{2}}$ のとき，$H_{c2} = H_c$ となる．$\kappa > \frac{1}{\sqrt{2}}$ のときは，$H_{c1} < H_c < H_{c2}$ となる．これを相図として表すと，図 11.27 のようになる．これは第 2 種超伝導体と呼ばれる．この磁場に強い超伝導体は，応用上も重要であるが，基礎物理学研究の最前線でも大きな興味が持たれている．

参考文献

[1] 量子力学の入門書として，たとえば，小出昭一郎：『量子力学 I, II』（裳華房，1978）.

[2] 外村彰：『ゲージ場を見る』（講談社，1997）.

[3] 佐藤憲昭，三宅和正：『磁性と超伝導の物理』（名古屋大学出版会，2013）.

[4] 久保亮五編：『大学演習　熱学・統計力学』（裳華房，1976）.

[5] C. Kittel 著，宇野良清，津谷昇，森田章，山下次郎共訳：『固体物理学入門』（丸善，1977）.

[6] 小谷正雄，梅沢博臣編：『大学演習　量子力学』（裳華房，1975）.

その他に以下のものを参考にした.

[7] 高橋秀俊監訳：『波動』バークレー物理学コース（丸善，1973）.

[8] 小形正男：『振動・波動』（裳華房，2009）.

[9] 長谷川修司：『振動・波動』（講談社，2009）.

[10] 和達三樹：『物理のための数学』（岩波書店，1983）.

[11] 黒沢達美：『物性論』（裳華房，1977）.

[12] J. M. Ziman 著，山下次郎，長谷川彰共訳：『固体物性論の基礎』（丸善，1976）.

[13] J. C. Hook，H. E. Hall 著，松浦民房，鈴村順三，黒田義浩共訳：『固体物理学入門』（丸善，2002）.

索　引

あ　行

か　行

さ　行

た　行

な　行

は　行

ま　行

や　行

ら　行

《著者紹介》

佐藤憲昭（さとう のりあき）

1955 年生
1984 年　東北大学大学院理学研究科博士課程修了
　　　　東北大学助手などを経て
現　在　名古屋大学大学院理学研究科教授，理学博士
著　書『磁性と超伝導の物理』（共著，名古屋大学出版会，2013）他

物性論ノート

2016 年 1 月 25 日　初版第 1 刷発行

定価はカバーに
表示しています

著　者　佐　藤　憲　昭

発行者　石　井　三　記

発行所　一般財団法人 名古屋大学出版会

〒 464-0814　名古屋市千種区不老町 1 名古屋大学構内
電話 (052)781-5027/FAX(052)781-0697

Printed in Japan
印刷・製本 ㈱太洋社
ISBN978-4-8158-0825-9
乱丁・落丁はお取替えいたします.